免奶油OK！

植物油作的38款甜・鹹味蛋糕&馬芬

Muffin

Pound Cak

Square Chiffon Cake

# Muffins, Pound Cakes, Chiffon Cakes

| Sweet Muffins | Savory Muffins | Pound Cakes | Square Chiffon Cakes |

免奶油OK！
植物油作的38款甜・鹹味蛋糕&馬芬

Muffin

Pound Cak

Square Chiffon Cake

# Muffins, Pound Cakes, Chiffon Cakes

免奶油OK！

# 植物油作的38款<br>甜・鹹味蛋糕&馬芬

吉川文子

Muffins, Pound Cakes, Square Chiffon Cakes

以前總覺得秋末才是適合烤點心的季節，
但自從開始使用植物油製作點心後，
植物油點心的清爽與美味令我深深著迷，
此後便一年四季持續烘烤喜愛的點心。

想吃的時候隨時可以植物油製作，是相當便利的食材，
且能烘烤出清爽的口感也是植物油點心最大的特色。

植物油能使蛋糕體中飽含空氣和水分，製成的蓬鬆濕潤的烤點心。
非常順口、容易吞嚥，廣受小孩老人及各年齡層的喜愛。

攪拌材料就能簡單完成的馬芬、打發蛋就能製成的輕盈磅蛋糕、
不需要戚風烤模，以調理盤製作的方形戚風蛋糕……
本書將介紹以上幾款容易取得材料且作法簡單的蛋糕食譜，
只要依食譜所標示順序混合材料，及學會食材搭配的訣竅，
便能大幅提昇口感，使成品的美味加倍。

再點綴上些許新鮮水果、爽脆的堅果和華麗的糖霜，
還可製作出讓人驚喜的禮品蛋糕喔！

若本書成為您一年四季都能品味烤點心的契機，將是我最榮幸的事。

吉川文子

*introduction*

*contents*



*chapter 1*

## 攪一攪，超簡單馬芬！

*chapter 2*

## 濕潤＆鬆軟的磅蛋糕



Pound Cake

*chapter 3*

## 調理盤就能作の方塊戚風蛋糕



Square Chiffon Cake

本書的使用方式

◎ 為了使操作者能準確測量，本書中牛奶等液體皆以g來表示。

◎ 1大匙＝15mℓ，1小匙＝5mℓ。

◎ 烤箱溫度與時間皆為參考值。烘烤時，請依據家中的機種，一邊觀察烘烤狀態，一邊調整。

◎ 本書中微波爐為500瓦機型。若使用600瓦機型，請將加熱時間乘上0.8倍。此外，若無特別註明，毋需使用保鮮膜。

◎ 使用附有烤箱功能的微波爐時，在設定烤箱預熱前，請先結束微波作業。

# 本書使用的三種麵糊

本書中所介紹的
馬芬、磅蛋糕、方塊戚風蛋糕
皆以植物油替代奶油製作。
無論製作哪一種蛋糕
都擁有蓬鬆、濕潤又清爽的不可思議口感。
只要能掌握以下三種麵糊的特性，
即可簡單作出美味可口的蛋糕喔！

## 三種麵糊的特性

## 作法訣竅

馬芬＆磅蛋糕

### 乳化

為了使水分與油分結合，確實混合乳化是非常重要的步驟。

方塊戚風蛋糕

### 乳化＋蛋白霜

蛋黃麵糊要確實攪拌乳化。使用經過冷藏的蛋白製作細緻的蛋白霜，烘焙出柔和滑順的口感。

Muffin

Pound Cak

Square Chiffon Cake

## Muffin 馬芬

◎ 只需在調理盆中混合材料再烘烤，相當簡單。

◎ 以植物油替代奶油，確實乳化使成品口感輕盈。

◎ 利用優格等材料，增加成品的濕潤度。

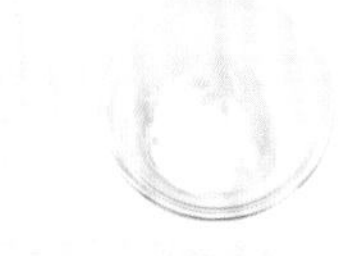

## Pound Cake 磅蛋糕

◎ 結合水分和油分製成香料油，使成品的食感濕潤，入口即化。

◎ 確實打發蛋液，讓麵糊中帶有細緻氣泡，作出輕盈口感。

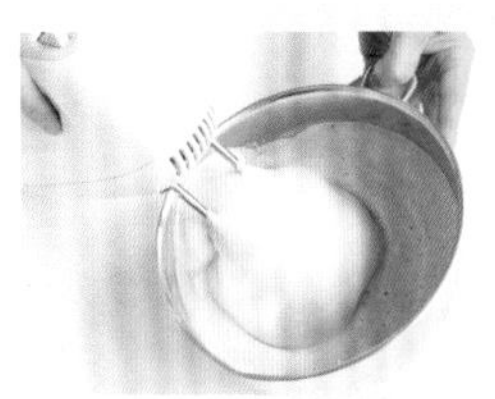

## Square Chiffon Cake 方塊戚風蛋糕

◎ 毋需準備戚風烤模，以家庭常見的調理盤即可輕鬆製作，脫模也非常容易。

◎ 比起一般戚風蛋糕，製作方式更加簡單。

◎ 麵粉量較一般戚風蛋糕多，風味十足，且加入確實打發的蛋白霜，爽口零負擔。

◎ 可隨意作裝飾，因此也增加了變化性。

◎ 蛋糕體不易破裂、方便攜帶，很適合當成禮物。

**・賞味期限**

蛋糕出爐，降溫後至3天以內。磅蛋糕、方塊戚風蛋糕則是隔日後，口感會隨著時間逐漸濕潤。

**・保存方式**

若無法一次享用完畢，請冷凍保存。將整個馬芬、分切好的磅蛋糕和方塊戚風，以保鮮膜包覆後放入密封袋中，放入冷凍庫約可保存2週。享用前以微波爐加熱20至30秒解凍或室溫自然解凍。

# 烘焙材料

**A**:低筋麵粉　**B**:高筋麵粉

麵粉以容易取得的品牌製作即可。

**C**:蛋

使用M號蛋（1個蛋黃約20g，1個蛋白約35g）。

**D**:杏仁粉

**E**:細砂糖
**F**:黍砂糖

（註：日本砂糖的一種，呈褐色粉狀。保留甘蔗的風味，甜味豐富溫和，且富含礦物質。）
因不使用奶油，選擇使成品味道更加豐富的黍砂糖製作。但打發蛋白霜或製作焦糖醬時，則較適合使用細砂糖。

**G**:沙拉油

使用沙拉油或是菜籽油等無特殊氣味且容易購買的油品製作即可。也推薦以太白胡麻油製作。

**H**:泡打粉

無鋁泡打粉。

**I**:牛奶

成分無調整鮮乳。加入麵糊中增添濃郁口感。

**J**:蜂蜜

**K**:原味優格

可增添蛋糕體的濕潤口感，使風味更有深度且富有甜味。使用前請先瀝除容器中的乳清（優格的液體）。

**L**:香草精

# 烘焙工具

**A：打蛋器**

請選擇全長約23cm至27cm鋼條牢固的打蛋器。

**B：調理盆**

直徑約18cm有深度的調理盆較為合適。若使用附有尖嘴的調理盆，在倒麵糊時會較為方便。

**C：冷卻架**

**D：篩網**

建議使用網目較細、附有手把的篩網。

**E：橡皮刮刀**

**F：長筷・竹籤**

在麵糊上拉出大理石花紋時使用。

**G：調理盤**

方塊戚風所使用的是可放入烤箱烘烤的不鏽鋼製調理盤，尺寸為26cm×20cm×4cm。改以琺瑯材質製作亦可。

**H：電動攪拌器**

在打發磅蛋糕的全蛋麵糊和方塊戚風的蛋白霜時需要用到。

**I：馬芬烤模・馬芬紙模**

使用直徑7cm高3cm的6連馬芬烤模。

**J：磅蛋糕模**

18×8.5×6cmを使用。

**K：磅蛋糕模烤盤紙**

**L：刮板**

使用尺寸為18cm×8.5cm×6cm。

**M：量秤**

使用電子秤，可以g計量液體，十分便利。

**N：耐熱容器（調理盆）**

微波加熱時使用。請選擇直徑約13cm的小尺寸較為方便。

# 攪一攪，超簡單馬芬

# Muffin

## chapter 1

將所有材料放入調理盆中攪拌均勻，就能輕鬆完成馬芬麵糊。
再利用優格等食材的效果，製作出輕盈、蓬鬆又濕潤的成品。
從經典美式、和風馬芬到適合當成輕食或小點心的鹹味馬芬，
本書將介紹19款富有變化的馬芬食譜給愛烘焙的你。

# 基本款
# 香草馬芬

＊成品圖請見P.13

## 材料

**直徑7cm的馬芬烤模5個份　※蛋奶素**

蛋 … 1個
黍砂糖 … 70g
沙拉油 … 40g
原味優格 … 50g
牛奶 … 10g
香草精 … 少許
A｜低筋麵粉 … 80g
　｜泡打粉 … 2/3小匙

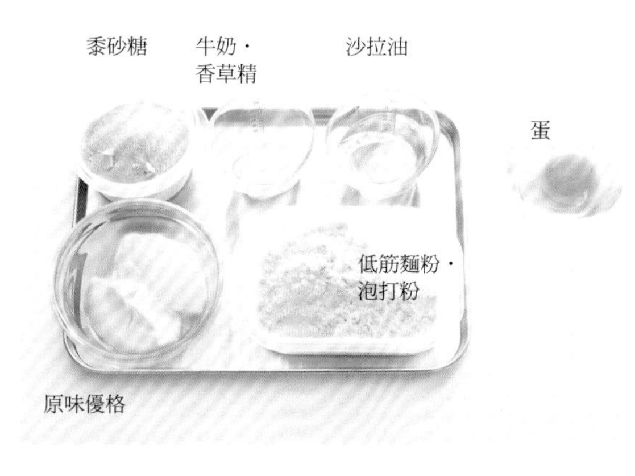


## 事前準備

・蛋恢復至常溫。
・混合過篩**A**。
・在馬芬烤模中放入紙模。
・烤箱預熱至180℃。

## 作法

1

### 混合蛋與砂糖

將砂糖和蛋放入不鏽鋼調理盆中，並使用打蛋器混合。

2

### 以小火加熱使砂糖溶於蛋液

以最小火將蛋液加熱至約體溫，並攪拌至砂糖完全溶解。以手指觸碰鋼盆底部，感覺微溫即可（小心燙傷）。

3

### 加入沙拉油使其乳化

離火。一邊將沙拉油分次倒入，一邊以打蛋器均勻混合。

4

### 加入優格、牛奶和香草精

加入優格均勻混合至質地光滑無結塊，再加入牛奶與香草精充分攪拌均勻。

5

### 加入粉類

加入**A**後，筆直立起打蛋器，一邊以打蛋器從中心開始畫圈混合，一邊反方向轉動調理盆。若打蛋器的鋼條上附著粉類，只要往上提起，附著的粉類便會脫落。

6

### 混拌至無粉粒殘留

換成橡皮刮刀，均勻攪拌至無粉粒殘留。

7

### 烤焙

將**6**的麵糊倒入放有紙模的烤模，以湯匙舀入麵糊，若使用有尖嘴的調理盆，可直接倒入。放入180℃的烤箱，烘烤約18分鐘。

8

### 脫模

從烤箱取出烤模後，以叉子取出馬芬，移至冷卻架上。

在加入沙拉油、優格及牛奶時，充分混合乳化為成功的最大關鍵。為了使材料能夠順利結合，依順序加入混合才能製作出美味的口感，作出蓬鬆又輕盈的馬芬蛋糕。

Sweet Muffin :

# Blueberry Banana Muffins
# 藍莓・香蕉馬芬

**馬芬的經典，藍莓與香蕉的最強組合！**
**在充滿香蕉溫和甘美的蛋糕體中，**
**咬得到一顆顆水嫩多汁的藍莓。**
**搭配牛奶也很對味，十分適合當作早餐享用。**

材料／直徑7cm的馬芬烤模6個份　※蛋素

蛋 … 1個
黍砂糖 … 70g
沙拉油 … 30g
香蕉 … 1根（去皮100g）
A
- 低筋麵粉 … 80g
- 泡打粉 … 1小匙
- 肉荳蔻 … 少許

藍莓（冷凍亦可） … 50g
＊若使用冷凍藍莓，毋需解凍直接使用。

事前準備

・蛋恢復至常溫。
・香蕉以叉子搗成泥狀。
・混合過篩A。
・在馬芬烤模中放入紙模。
・烤箱預熱至180℃。

作法

1 在不鏽鋼調理盆中放入蛋和黍砂糖，以打蛋器混合，並以最小火將蛋液加熱至約體溫，並完全溶解砂糖。

2 離火。一邊將沙拉油分數次加入，一邊以打蛋器攪打乳化，再加入香蕉混合均勻。

3 加入A，筆直立起打蛋器，一邊使用打蛋器從中心開始，以畫圈的方式混合，一邊反方向轉動調理盆。若打蛋器的鋼條上附著粉類，只要往上提起，附著的粉類便會脫落。

4 加入30g藍莓，改以橡皮刮刀均勻攪拌，直至無粉粒殘留。將麵糊倒入烤模中，並將剩餘的藍莓分成6等分，分別撒在每個麵糊上。

5 放入烤箱，以180℃烘烤約18分鐘。從烤箱取出烤模後，以叉子取出馬芬，移至冷卻架上。

*Pineapple Coconut Muffins*

# 鳳梨椰子馬芬

**同時添加了椰奶&椰子粉，**
**作成濕潤爽口的香甜馬芬，**
**搭配上濃郁的鳳梨果香，味道絕佳，**
**是炎炎夏日裡，最為迷人的熱帶風情馬芬。**

**材料／直徑7cm的馬芬烤模6個份　※蛋奶素**

蛋…1個
黍砂糖…60g
沙拉油…40g
原味優格…10g
椰奶…50g
A｜低筋麵粉…80g
　｜泡打粉…1小匙
椰子粉…20g
鳳梨（罐頭）…3片

**事前準備**

- 蛋恢復至常溫。
- 將1片鳳梨切成16等分，剩餘裝飾用的各切成9等分，再以廚房紙巾拭乾水分。
- 混合過篩**A**。
- 在馬芬烤模中放入紙模。
- 烤箱預熱至180℃。

**作法**

1 在不鏽鋼調理盆中放入蛋和黍砂糖，以打蛋器混合，並以最小火將蛋液加熱至約體溫，完全溶解砂糖。

2 離火。一邊將沙拉油分數次加入，一邊以打蛋器攪打乳化，依序加入優格和椰奶混合至麵糊均勻滑順。

3 加入**A**，筆直立起打蛋器，一邊使用打蛋器從中心開始，以畫圈的方式混合，一邊反方向轉動調理盆。若打蛋器的鋼條上附著粉類，只要往上提起，附著的粉類便會脫落。

4 加入椰子粉和切成16等分的鳳梨，改以橡皮刮刀均勻攪拌麵糊，直至無粉粒殘留。將麵糊倒入烤模中，並在每個麵糊上分別放上3片裝飾用鳳梨。

5 放入烤箱，以180℃烘烤約20分鐘。從烤箱取出烤模後，以叉子取出馬芬，移至冷卻架上。

French Toast Muffins

# 法式土司馬芬

**是一款結合了法式土司，**
**擁有蓬鬆&酥脆雙口感的時尚馬芬。**
**出爐時淋上楓糖漿享用，使口感更滑順美味。**

材料／直徑7cm的馬芬烤模6個份　※蛋奶素

蛋 … 1/2個
黍砂糖 … 50g
沙拉油 … 40g
原味優格 … 40g
牛奶 … 30g

A
- 低筋麵粉 … 70g
- 泡打粉 … 1/2小匙
- 肉桂粉 … 少許

法式土司
- 法國麵包 … 50g
（或1斤切成8片的土司1又1/2片〈去邊〉）
- 蛋 … 1/2個
- 牛奶 … 20g
- 香草精 … 少許

楓糖漿 … 20g

事前準備
- 蛋恢復至常溫。
- 將法國麵包（或土司）切成1.5cm方形。
- 混合過篩**A**。
- 在馬芬烤模中放入紙模。
- 烤箱預熱至190℃。

作法

1　在調理盆中放入法式土司用蛋，並以打蛋器打散，再加入牛奶和香草精混合均勻。以手將事前準備的法國麵包丁沾裹上蛋液。沾濕表面即可（*a*）。

2　在不鏽鋼調理盆中放入蛋和黍砂糖，以打蛋器混合，並以最小火將蛋液加熱至約體溫，完全溶解砂糖。

3　離火。一邊將沙拉油分數次加入，一邊以打蛋器攪打乳化，加入優格混合至滑順，再加入牛奶攪拌均勻。

4　加入**A**，筆直立起打蛋器，一邊使用打蛋器從中心開始，以畫圈的方式混合，一邊反方向轉動調理盆。若打蛋器的鋼條上附著粉類，只要往上提起，附著的粉類便會脫落。

5　改以橡皮刮刀均勻攪拌麵糊，直至無粉粒殘留。將麵糊倒入烤模中，並將**1**均分成6等分，分別鋪在麵糊上。

6　放入烤箱，以190℃烘烤約20分鐘。從烤箱取出烤模後，以叉子取出馬芬，移至冷卻架上，並以刷子在表面刷上楓糖漿。

*a*

Sweet Muffin :

*Oats & Raisins Muffins*

# 燕麥・葡萄乾馬芬

**蛋糕體及表面裝飾都添加了燕麥，**
**並以蘭姆葡萄乾帶出成熟韻味。**
**輕鬆地將美式甜點中大受歡迎的組合製作成馬芬吧！**

材料／直徑7cm的馬芬烤模6個份　※蛋奶素

蛋 … 1個
黍砂糖 … 40g
黑糖 … 30g
沙拉油 … 40g
原味優格 … 50g
牛奶 … 10g
葡萄乾 … 30g
蘭姆酒 … 1大匙

A
- 低筋麵粉 … 60g
- 泡打粉 … 1小匙
- 肉桂粉 … 少許

燕麥 … 20g
燕麥（裝飾用） … 適量

事前準備

・蛋恢復至常溫。
・將麵糊用燕麥放入塑膠袋中，
以擀麵棍略微壓碎。
・葡萄乾放入耐熱容器中，
加入可蓋過葡萄乾的水量（份量外），
微波加熱30秒。
再以廚房紙巾拭乾水分，最後撒上蘭姆酒。
・混合過篩**A**。
・在馬芬烤模中放入紙模。
・烤箱預熱至180℃。

作法

1 在不鏽鋼調理盆中放入蛋、黍砂糖和黑糖，以打蛋器混合，並以最小火將蛋液加熱至約體溫，完全溶解黍砂糖。若黑糖尚殘留顆粒也無妨。

2 離火。一邊將沙拉油分數次加入，一邊以打蛋器攪打乳化，加入優格混合至滑順，再加入牛奶攪拌均勻。並將事前準備好的葡萄乾連同水分一起加入混合。

3 加入**A**，筆直立起打蛋器，一邊使用打蛋器從中心開始，以畫圈的方式混合，一邊反方向轉動調理盆。若打蛋器的鋼條上附著粉類，只要往上提起，附著的粉類便會脫落。

4 加入事前準備好的燕麥，改以橡皮刮刀均勻攪拌麵糊，直至無粉粒殘留。將麵糊倒入烤模中，並在麵糊表面撒上裝飾用的燕麥。

5 放入烤箱，以180℃烘烤約18分鐘。從烤箱取出烤模後，以叉子取出馬芬，移至冷卻架上。

焙茶黃豆粉菠蘿粒馬芬

楓糖・胡桃馬芬

*Hojicha Tea Muffins with Kinako Crumble*

# 焙茶黃豆粉菠蘿粒馬芬

**一口咬下，飄散出焙茶的香氣。**
**美味的訣竅就在於將焙茶連同茶葉一起加入麵糊中，**
**再以香濃的黃豆粉菠蘿粒增添口感！**

**材料／直徑7cm的馬芬烤模6個份　※蛋奶素**

蛋 … 1個
黍砂糖 … 70g
沙拉油 … 40g
原味優格 … 50g

**A**
焙茶茶葉（茶包） … 1包
水 … 50g

**B**
低筋麵粉 … 100g
泡打粉 … 1小匙

焙茶茶葉（茶包） … 1包

黃豆粉菠蘿粒

**C**
低筋麵粉 … 40g
黃豆粉 … 5g
黍砂糖 … 15g
鹽 … 少許

沙拉油 … 15g

**事前準備**

- 蛋恢復至常溫。
- **A**的焙茶茶葉從茶包中取出。
- 分別混合過篩**B**和**C**。
  並將過篩後的**B**與茶包取出的茶葉混合。
- 在馬芬烤模中放入紙模。
- 烤箱預熱至180℃。

**作法**

1. 將**A**的焙茶茶葉放入耐熱容器中，加入份量內的水微波加熱1分鐘。放涼後再瀝除茶葉，取40g焙茶茶湯。

2. 製作黃豆粉菠蘿粒。在調理盆中放入**C**，以刮板貼著鋼盆邊緣在**C**中央作出一個凹槽，將沙拉油倒入凹槽中。一邊以混拌的反向旋轉調理盆，一邊以粉類蓋過油類的方式混合。刮板以切拌的方式混合至整體變成顆粒狀態（請參照P.37圖a）。

3. 在不鏽鋼調理盆中放入蛋和黍砂糖，並以打蛋器混合，再以最小火將蛋液加熱至約體溫，完全溶解砂糖。

4. 離火。一邊將沙拉油分數次加入，一邊以打蛋器攪打乳化，加入優格混合至滑順，再加入**1**攪拌均勻。

5. 加入事前準備的**B**，筆直立起打蛋器，一邊使用打蛋器從中心開始，以畫圈的方式混合，一邊反方向轉動調理盆。若打蛋器的鋼條上附著粉類，只要往上提起，附著的粉類便會脫落。

6. 改以橡皮刮刀均勻混拌至無粉粒殘留。將麵糊倒入烤模中，並將**2**分成6等分，撒在每個麵糊上。

7. 放入烤箱，以180℃烘烤約20分鐘。從烤箱取出烤模後，以叉子取出馬芬，移至冷卻架上。

Maple Walnut Muffins

# 楓糖・胡桃馬芬

**胡桃香脆口感的愈嚼愈香，**
**與楓糖霜溫和的甜味相得益彰。**
**加入了風味濃郁的楓糖漿，**
**也能讓馬芬更加濕潤可口喔！**

**材料／直徑7cm的馬芬烤模5個份　※蛋奶素**

蛋 … 1個
黍砂糖 … 40g
楓糖漿 … 30g
沙拉油 … 40g
原味優格 … 60g
牛奶 … 10g
楓糖香精（有） … 5滴
**A** ｜低筋麵粉 … 80g
　 ｜泡打粉 … 2/3小匙
核桃 … 15g

楓糖糖霜
　楓糖漿 … 1又1/2大匙
　粉糖 … 30g

**事前準備**

・蛋恢復至常溫。
・混合過篩**A**。
・在馬芬烤模中放入紙模。
・烤箱預熱至180℃。

**作法**

1 在不鏽鋼調理盆中放入蛋、黍砂糖和楓糖漿，以打蛋器混合，並以最小火將蛋液加熱至約體溫，完全溶解砂糖。

2 離火。一邊將沙拉油分數次加入，一邊以打蛋器攪打乳化，加入優格混合至滑順，再加入牛奶和楓糖香精攪拌均勻。

3 加入**A**，筆直立起打蛋器，一邊使用打蛋器從中心開始，以畫圈的方式混合，一邊反方向轉動調理盆。若打蛋器的鋼條上附著粉類，只要往上提起，附著的粉類便會脫落。

4 改以橡皮刮刀均勻混拌至無粉粒殘留。將麵糊倒入烤模中，並以手把核桃捏碎，分成5等分撒在每個麵糊上。

5 放入烤箱，以180℃烘烤約18分鐘。從烤箱取出烤模後，以叉子取出馬芬，移至冷卻架上等待完全冷卻。

6 製作楓糖糖霜。混合楓糖漿與糖粉，若糖霜太過濃稠硬質，請加入少量水分調整，再以叉子舀起淋在馬芬上（請參照P.31圖*a*）

*Double Chocolate Muffins*

# 雙重巧克力馬芬

**在加了可可粉的馬芬蛋糕體中，**
**放入大量巧克力豆燒烤而成。**
**口感蓬鬆輕盈，散發濃郁的巧克力香氣，**
**是一款讓巧克力迷瘋狂愛上的甜苦成熟馬芬。**

材料／直徑7cm的馬芬烤模6個份　※蛋奶素

蛋 … 1個
黍砂糖 … 50g
鹽 … 少許
沙拉油 … 50g
原味優格 … 50g
牛奶 … 30g
A
低筋麵粉 … 50g
可可粉 … 20g
杏仁粉 … 20g
泡打粉 … 1小匙
肉桂粉 … 少許
巧克力豆 … 30g
防潮糖粉＊ … 適量

＊是指耐水分油分，即使撒落也不易融化，
適合裝飾在甜點表面的極細糖粉。
可於烘焙材料行或網路購得。

事前準備

・蛋恢復至常溫。
・混合過篩A。
・在馬芬烤模中放入紙模。
・烤箱預熱至180℃。

作法

1 在不鏽鋼調理盆中放入蛋、黍砂糖和鹽，以打蛋器混合，並以最小火將蛋液加熱至約體溫，完全溶解砂糖。

2 離火。一邊將沙拉油分數次加入，一邊以打蛋器攪打乳化，加入優格混合至滑順，再加入牛奶攪拌均勻。

3 加入A，筆直立起打蛋器，一邊使用打蛋器從中心開始，以畫圈的方式混合，一邊反方向轉動調理盆。若打蛋器的鋼條上附著粉類，只要往上提起，附著的粉類便會脫落。

4 加入巧克力豆，改以橡皮刮刀均勻混合至無粉粒殘留。將麵糊倒入烤模中。

5 放入烤箱，以180℃烘烤約18分鐘。從烤箱取出烤模後，以叉子取出馬芬，移至冷卻架上。最後撒上防潮糖粉裝飾。

Sweet Muffin :

*Gingerbread Muffins*

# 黑糖薑馬芬

**在充滿薑與肉桂香的馬芬上，淋上檸檬糖霜，**
**製成此款帶來溫暖的黑糖薑馬芬。**
**以黑糖蜜製作可襯托薑香，**
**也能增添蛋糕濃郁的口感喔！**

材料／直徑7cm的馬芬烤模6個份　※蛋奶素

蛋 … 1個
黍砂糖 … 40g
黑糖蜜 … 40g
沙拉油 … 50g
原味優格 … 50g
牛奶 … 10g
薑汁 … 1小匙

A
- 低筋麵粉 … 80g
- 薑粉 … 1/2小匙
- 肉桂粉 … 少許
- 泡打粉 … 2/3小匙

檸檬糖霜
- 檸檬汁 … 1又1/2小匙
- 粉糖 … 50g

事前準備

・蛋恢復至常溫。
・混合過篩**A**。
・在馬芬烤模中放入紙模。
・烤箱預熱至180℃。

作法

1 在不鏽鋼調理盆中放入蛋、黍砂糖和黑糖蜜，以打蛋器混合，並以最小火將蛋液加熱至約體溫，完全溶解砂糖。

2 離火。一邊將沙拉油分數次加入，一邊以打蛋器攪打乳化，加入優格混合至滑順，再加入牛奶和薑汁攪拌均勻。

3 加入**A**，筆直立起打蛋器，一邊使用打蛋器從中心開始，以畫圈的方式混合，一邊反方向轉動調理盆。若打蛋器的鋼條上附著粉類，只要往上提起，附著的粉類便會脫落。

4 改以橡皮刮刀均勻混拌至無粉粒殘留，再將麵糊倒入烤模中。

5 放入烤箱，以180℃烘烤約18分鐘。從烤箱取出烤模後，以叉子取出馬芬，移至冷卻架上等待完全冷卻。

6 製作檸檬糖霜。在較小的調理盆中混合檸檬汁與糖粉，若糖霜太硬，請加入少量水分調整，再以叉子舀起淋在馬芬上（a）

a

Pumpkin Muffins

# 南瓜馬芬

**加入南瓜泥的可愛橘色馬芬。**
**即使加入口感較厚重的南瓜製作，**
**也因為使用植物油製作，**
**讓餘味輕盈了起來。**

材料／直徑7cm的馬芬烤模6個份　※蛋奶素

蛋 … 1個
黍砂糖 … 90g
沙拉油 … 40g
南瓜泥（請參照事前準備） … 100g
牛奶 … 30g
A
- 低筋麵粉 … 80g
- 泡打粉 … 1小匙
- 肉桂粉 … 少許

南瓜籽 … 適量

・蛋恢復至常溫。
・製作南瓜泥（a）。
去除種子與瓜囊的南瓜約200g，切成3至4cm的小丁。放入耐熱容器，蓋上保鮮膜，微波約7分鐘，加熱至瓜肉變得柔軟。
去皮後，以食物調理機攪打或以叉子背面壓至光滑泥狀（由於每顆南瓜皆有差異，製作的南瓜泥量也稍有不同，在此以完成後取100g南瓜泥為計量。）
・混合過篩A。
・在馬芬烤模中放入馬芬紙杯。
・烤箱預熱至180℃。
・混合過篩**A**。
・在馬芬烤模中放入紙模。
・烤箱預熱至180℃。

作法

1 在不鏽鋼調理盆中放入蛋和黍砂糖以打蛋器混合，並以最小火將蛋液加熱至約體溫，完全溶解砂糖。

2 離火。一邊將沙拉油分數次加入，一邊以打蛋器攪打乳化，加入南瓜泥混合至麵糊滑順，再加入牛奶攪拌均勻。

3 加入**A**，筆直立起打蛋器，一邊使用打蛋器從中心開始，以畫圈的方式混合，一邊反方向轉動調理盆。若打蛋器的鋼條上附著粉類，只要往上提起，附著的粉類便會脫落。

4 改以橡皮刮刀均勻混合至無粉粒殘留。將麵糊倒入烤模中，並在麵糊表面撒上南瓜籽。

5 放入烤箱，以180℃烘烤約18分鐘。從烤箱取出烤模後，以叉子取出馬芬，移至冷卻架上。

*a*

*Peanut butter Muffins with Coffee Glaze*

# 花生醬・咖啡馬芬

**為了充分展現花生的風味，**
**嘗試選用了顆粒花生醬製作。**
**咖啡糖霜則有著平衡甜味的作用。**

材料／直徑7cm的馬芬烤模6個份　※蛋奶素

蛋 … 1個
黍砂糖 … 60g
沙拉油 … 20g
花生醬（建議使用顆粒狀）… 70g
牛奶 … 90g
A
- 低筋麵粉 … 80g
- 泡打粉 … 1小匙

咖啡糖霜
- 牛奶 … 1小匙
- 即溶咖啡（粉狀）… 1/2小匙
- 糖粉 … 30g

**事前準備**

・蛋恢復至常溫。
・混合過篩**A**。
・在馬芬烤模中放入紙模。
・烤箱預熱至180℃。

作法

1 在不鏽鋼調理盆中放入蛋和黍砂糖以打蛋器混合，並以最小火將蛋液加熱至約體溫，完全溶解砂糖。

2 離火。一邊將沙拉油分數次加入，一邊以打蛋器攪打乳化，加入花生醬混合至麵糊滑順，再加入牛奶攪拌均勻。

3 加入**A**，筆直立起打蛋器，一邊使用打蛋器從中心開始，以畫圈的方式混合，一邊反方向轉動調理盆。若打蛋器的鋼條上附著粉類，只要往上提起，附著的粉類便會脫落。由於是水分較多容易結塊的麵糊，因此請攪拌至無粉塊殘留。

4 改以橡皮刮刀均勻混拌至無粉粒殘留，並將麵糊倒入烤模中。

5 放入烤箱，以180℃烘烤約18分鐘。從烤箱取出烤模後，以叉子取出馬芬，移至冷卻架上等待完全冷卻。

6 製作咖啡糖霜。在耐熱容器內混合牛奶與即溶咖啡，微波加熱10秒溶解。再和糖粉混合，若糖霜太硬就加入少量水分調整，以湯匙舀起淋在馬芬上，並以湯匙背面將糖霜抹平在馬芬表面。

*Peach Cobbler Muffins*

# 水蜜桃餡餅馬芬

**以酸甜恰到好處的黃桃來製作**
**廣受喜愛的美式家常甜點——水蜜桃餡餅。**
**放涼後享用也非常好吃！**

材料／直徑7cm的馬芬烤模6個份　※蛋奶素

蛋 … 1個
黍砂糖 … 70g
沙拉油 … 40g
原味優格 … 50g
牛奶 … 10g
香草精 … 少許
**A** ｜ 低筋麵粉 … 80g
　｜ 泡打粉 … 2/3小匙
水蜜桃（罐頭）… 對切2個

菠蘿粒
**B** ｜ 低筋麵粉 … 40g
　｜ 杏仁粉 … 20g
　｜ 黍砂糖 … 20g
沙拉油 … 20g
香草精 … 少許

事前準備

- 蛋恢復至常溫。
- 將一個水蜜桃切成1cm小丁，
  另一個縱切為6等分，
  並以廚房紙巾拭乾水分，作為裝飾用。
- 分別混合過篩**A**和**B**。
- 在馬芬烤模中放入紙模。
- 烤箱預熱至180℃。

作法

1 製作菠蘿粒。在調理盆中放入**B**，以刮板貼著鋼盆邊緣在**B**中央作出一個凹槽，將沙拉油和香草精倒入凹槽中。一邊以混拌的反向旋轉調理盆，一邊以粉類蓋過油類的方式混合。刮板以切拌的方式混合至整體變成顆粒狀態（a）。

2 在不鏽鋼調理盆中放入蛋和黍砂糖，以打蛋器混合，並以最小火將蛋液加熱至約體溫，完全溶解砂糖。

3 離火。一邊將沙拉油分數次加入，一邊以打蛋器攪打乳化，加入優格混合至滑順，再加入牛奶和香草精攪拌均勻。

4 加入**A**，筆直立起打蛋器，一邊使用打蛋器從中心開始，以畫圈的方式混合，一邊反方向轉動調理盆。若打蛋器的鋼條上附著粉類，只要往上提起，附著的粉類便會脫落。

5 加入切成1cm的水蜜桃丁，改以橡皮刮刀均勻混拌至無粉粒殘留。將麵糊倒入烤模中，並在每個麵糊表面放上1/6的**1**和1片裝飾用水蜜桃。

6 放入烤箱，以180℃烘烤約20分鐘。從烤箱取出烤模後，以叉子取出馬芬，移至冷卻架上。

a

*Citrus Mango Muffins*

# 芒果馬芬

**是一款以芒果作為主角的水果馬芬。**
**使用大量的香甜芒果製作，**
**最後再撒上爽口萊姆，香氣令人心醉。**
**無論是味覺和視覺都非常夏天，**
**吃完後口感清爽無負擔。**

材料／直徑7cm的馬芬烤模6個份　※蛋奶素

蛋 … 1個
黍砂糖 … 70g
沙拉油 … 40g
原味優格 … 20g
芒果（罐頭）… 切片2片
柳橙汁 … 30g
A｜低筋麵粉 … 90g
　｜泡打粉 … 1小匙
椰子粉 … 10g
芒果（罐頭・裝飾用）… 切片6片
萊姆皮 … 適量

事前準備

・蛋恢復至常溫。
・在調理盆中放入麵糊用芒果與柳橙汁，芒果以叉子背面壓成泥狀。（a）
・裝飾用芒果以刀子斜劃出細密的紋路（b），再以廚房紙巾拭乾水分。
・混合過篩A。
・在馬芬烤模中放入紙模。
・烤箱預熱至180℃。

作法

1 在不鏽鋼調理盆中放入蛋和黍砂糖，以打蛋器混合，並以最小火將蛋液加熱至約體溫，完全溶解砂糖。

2 離火。一邊將沙拉油分數次加入，一邊以打蛋器攪打乳化，加入優格混合至滑順，再加入事前準備好的芒果丁和柳橙汁攪拌均勻。

3 加入A，筆直立起打蛋器，一邊使用打蛋器從中心開始，以畫圈的方式混合，一邊反方向轉動調理盆。若打蛋器的鋼條上附著粉類，只要往上提起，附著的粉類便會脫落。

4 加入椰子粉，改以橡皮刮刀均勻混拌至無粉粒殘留。將麵糊倒入烤模中，並在每個麵糊表面分別放上1/6的裝飾用芒果。

5 放入烤箱，以180℃烘烤約20分鐘。從烤箱取出烤模後，以叉子取出馬芬，移至冷卻架上。最後撒上以刨刀刨絲的萊姆皮。

a

b

# Green Tea & Chocolate Marble Muffins
# 抹茶巧克力馬芬

**微苦的可可與抹茶的搭配，**
**也很適合喜歡苦味的大人。**
**巧克力色與抹茶綠，**
**交疊出色調雅致的大理石花紋。**

材料／直徑7cm的馬芬烤模5個份　※蛋奶素

蛋 … 1個
黍砂糖 … 80g
沙拉油 … 50g
原味優格 … 50g
牛奶 … 20g

A
- 低筋麵粉 … 30g
- 可可粉 … 10g
- 泡打粉 … 1/3小匙

B
- 低筋麵粉 … 35g
- 抹茶粉 … 5g
- 泡打粉 … 1/3小匙

事前準備

・蛋恢復至常溫。
・分別混合過篩**A**和**B**。
・在馬芬烤模中放入紙模。
・烤箱預熱至180℃。

作法

1 在不鏽鋼調理盆中放入蛋和黍砂糖，以打蛋器混合，並以最小火將蛋液加熱至約體溫，完全溶解砂糖。

2 離火。一邊將沙拉油分數次加入，一邊以打蛋器攪打乳化，加入優格混合至滑順，再加入牛奶攪拌均勻。

3 將**2**的麵糊分成2等分（各120g）。其中一份加入**A**，筆直立起打蛋器，一邊使用打蛋器從中心開始，以畫圈的方式混合，一邊反方向轉動調理盆。若打蛋器的鋼條上附著粉類，只要往上提起，附著的粉類便會脫落。另一份加入**B**，以相同方式混拌。

4 改以橡皮刮刀分別混拌兩種麵糊直至無粉粒殘留。將**3**的可可麵糊和抹茶麵糊各取略少於1大匙，分數次交互（a）倒入烤模之中（b）。以竹籤在表面輕輕勾勒約兩次左右（c），作出大理石花紋。

5 放入烤箱，以180℃烘烤約18分鐘。從烤箱取出烤模後，以叉子取出馬芬，移至冷卻架上。

a　b　c

Savory Muffin :

# Cornbread Muffins
# 玉米麵包馬芬

**藏著玉米醬和玉米粒的馬芬蛋糕體裡，**
**品嚐一顆顆粗粒玉米粉的口感。**
**放上香腸，非常適合當成輕食享用喔！**

**材料／直徑7cm的馬芬烤模6個份　※非素**

蛋 … 1個
鹽 … 1/4小匙
沙拉油 … 40g
玉米醬 … 50g
牛奶 … 50g
粗粒玉米粉（corn grits）… 20g

A
- 低筋麵粉 … 80g
- 泡打粉 … 1小匙

玉米粒（罐頭或冷凍）… 50g
粗粒玉米粉（裝飾用）… 2小匙
香腸 … 6根
荷蘭芹（切末）… 適量

**事前準備**

・蛋恢復至常溫。
・使用玉米粒罐頭時，先瀝乾水分。
・將香腸切成2至3等分。
・混合過篩**A**。
・在馬芬烤模中放入紙模。
・烤箱預熱至180℃。

**作法**

1　在不鏽鋼調理盆中放入蛋和鹽，以打蛋器混合。一邊將沙拉油分數次加入，一邊以打蛋器攪打乳化，加入玉米醬和牛奶混合至滑順，再加入粗粒玉米粉攪拌均勻。

2　加入**A**，筆直立起打蛋器，一邊使用打蛋器從中心開始，以畫圈的方式混合，一邊反方向轉動調理盆。若打蛋器的鋼條上附著粉類，只要往上提起，附著的粉類便會脫落。

3　改以橡皮刮刀均勻混合至無粉粒殘留，再拌入玉米粒。將麵糊倒入烤模中，並在每個麵糊表面撒上1/6裝飾用粗粒玉米粉，再放上事前準備好的香腸，並輕輕壓入麵糊中（*a*）。

4　放入烤箱，以180℃烘烤約18分鐘。從烤箱取出烤模後，以叉子取出馬芬，移至冷卻架上，最後撒上荷蘭芹。

*a*

Savory Muffin：

## Onion Muffins
# 洋蔥馬芬

**蓬鬆輕盈的馬芬蛋糕，散發出洋蔥醬的微甜，十分可口。**
**無論是材料或是作法都很簡單，**
**在肚子有點餓時，趁熱來一個吧！**

**材料／直徑7cm的馬芬烤模6個份　※五辛蛋奶素**

蛋 … 1個
鹽 … 1/4小匙
沙拉油 … 50g
牛奶 … 30g

| A | |
|---|---|
| | 低筋麵粉 … 100g |
| | 泡打粉 … 1小匙 |

洋蔥醬
　洋蔥 … 1大個（250g）
　鹽 … 1/2小匙
　沙拉油 … 1大匙
燕麥 … 適量

**事前準備**

・蛋恢復至常溫。
・洋蔥切成薄片。
・混合過篩**A**。
・在馬芬烤模中放入紙模。
・烤箱預熱至180℃。

**作法**

1 製作洋蔥醬（a）。將事前準備的洋蔥放入耐熱容器，撒上鹽和沙拉油後，蓋上保鮮膜，微波加熱約8分鐘，取出迅速混拌。拿掉保鮮膜再加熱4分鐘，取出後放置降溫。

2 不鏽鋼調理盆中放入蛋和鹽，以打蛋器混合。一邊將沙拉油分數次加入，一邊以打蛋器攪打乳化，加入70g的**1**混合，再加入牛奶攪拌均勻。

3 加入**A**，筆直立起打蛋器，一邊使用打蛋器從中心開始，以畫圈的方式混合，一邊反方向轉動調理盆。若打蛋器的鋼條上附著粉類，只要往上提起，附著的粉類便會脫落。

4 加入剩餘的**1**，改以橡皮刮刀均勻混拌至無粉粒殘留。將麵糊倒入烤模中，並在麵糊表面撒上燕麥。

5 放入烤箱，以180℃烘烤約18分鐘。從烤箱取出烤模後，以叉子取出馬芬，移至冷卻架上。

Savory Muffin :

*Ume & Salty Kombu Rice Powder Muffins*

# 梅子&鹽昆布の米粉馬芬

**好似飯糰般的特別組合。**
**拌入米粉、梅子、鹽昆布和柴魚片的絕妙組合，**
**驚喜的美味，令人不小心就停不了口，**
**是一款好吃得不可思議的點心。**

材料／直徑7cm的馬芬烤模6個份　※非素

蛋 … 2個
沙拉油 … 70g
原味優格 … 20g
牛奶 … 50g
梅干 … 2個（20g）
A｜米粉 … 120g
　｜泡打粉 … 1小匙
鹽昆布 … 10g
熟芝麻（將黑白芝麻依照喜好混合） … 3大匙
柴魚片 … 1包（2.5g）

事前準備

・蛋恢復至常溫。
・梅干去籽後切碎（a）。
・混合過篩A。
・在馬芬烤模中放入紙模。
・烤箱預熱至180℃。

a

**作法**

1 在不鏽鋼調理盆中放入蛋以打蛋器混合。一邊將沙拉油分數次加入，一邊攪打乳化，加入優格混合至滑順，再加入牛奶和事前準備的梅干攪拌均勻。

2 加入**A**，筆直立起打蛋器，一邊使用打蛋器從中心開始，以畫圈的方式混合，一邊反方向轉動調理盆。若打蛋器的鋼條上附著粉類，只要往上提起，附著的粉類便會脫落。

3 加入鹽昆布和芝麻，改以橡皮刮刀均勻攪拌至無粉粒殘留。將麵糊倒入烤模中，在麵糊表面撒上柴魚片。

4 放入烤箱，以180℃烘烤約18分鐘。從烤箱取出烤模後，以叉子取出馬芬，移至冷卻架上。

Savory Muffin :

*Nozawana-Pickles Muffins with Shiokoji Malt*

# 日本芥菜鹽麴馬芬

**加入樸素清爽的鹽漬日本芥菜，散發迷人鹹香。**
**是一款長野燒餅風味的和風馬芬。**
**在蛋糕體中加入鹽麴，讓成品更加蓬鬆柔軟。**

材料／直徑7cm的馬芬烤模6個份　※蛋奶素

蛋 … 2個
鹽麴 … 2小匙
醬油 … 1小匙
沙拉油 … 60g
芝麻油 … 10g
原味優格 … 30g
牛奶 … 30g
A
- 低筋麵粉 … 120g
- 泡打粉 … 1又1/2小匙

鹽漬日本芥菜 … 150g
熟白芝麻 … 適量

事前準備

- 蛋恢復至常溫。
- 鹽漬日本芥菜瀝乾水分，取少量攤開菜葉作裝飾用。剩餘則切成1cm寬，分別以廚房紙巾徹底擠乾水分。
- 混合過篩A。
- 在馬芬烤模中放入紙模。
- 烤箱預熱至180℃。

a

**作法**

1 在不鏽鋼調理盆中放入蛋、鹽麴和醬油以打蛋器混合。一邊將沙拉油和芝麻油分數次加入，一邊攪打乳化，加入優格混合至滑順，再加入牛奶攪拌均勻。

2 加入**A**，筆直立起打蛋器，一邊使用打蛋器從中心開始，以畫圈的方式混合，一邊反方向轉動調理盆。若打蛋器的鋼條上附著粉類，只要往上提起，附著的粉類便會脫落。

3 加入切成寬1cm的鹽漬日本芥菜（a），改以橡皮刮刀均勻混拌至無粉粒殘留。將麵糊倒入烤模中，並在每個麵糊表面撒上芝麻和1/6裝飾用鹽漬日本芥菜。

4 放入烤箱，以180℃烘烤約20分鐘。從烤箱取出烤模後，以叉子取出馬芬，移至冷卻架上。

Savory Muffin :

*Pizza Muffins*

# 披薩馬芬

**好吃的關鍵在於番茄風味蛋糕體中，**
**流出的濃郁的馬自拉起司及表面的十足的厚切番茄。**
**味道絕不輸給剛出爐的披薩！**

材料／直徑7cm的馬芬烤模6個份　※蛋奶素

蛋 … 1個
鹽 … 1/4小匙
番茄醬 … 1/2大匙
沙拉油 … 40g
原味優格 … 40g
番茄汁 … 40g
A｜低筋麵粉 … 100g
　｜泡打粉 … 1小匙
乾燥羅勒 … 1小匙
黑胡椒 … 少許
馬自拉起司 … 80g
番茄 … 1小個（120g）
新鮮羅勒葉 … 6片

事前準備

- 蛋恢復至常溫。
- 馬自拉起司切成1.5cm小丁後，以廚房紙巾拭乾水分。
- 番茄橫切成6等分，以廚房紙巾拭乾水分。
- 混合過篩A。
- 在馬芬烤模中放入紙模。
- 烤箱預熱至180℃。

a

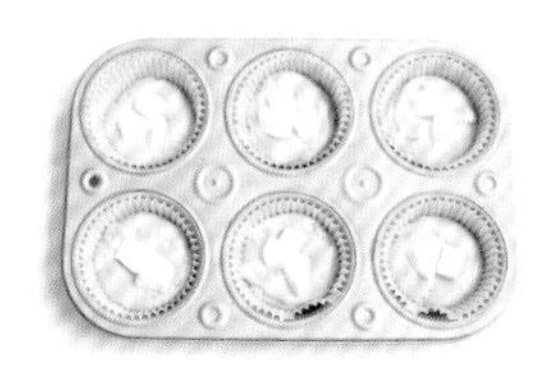

b

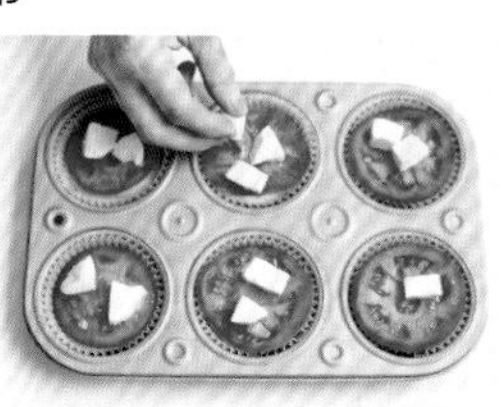

c

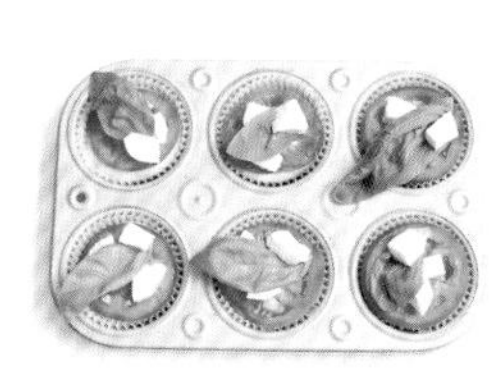

**作法**

1 在不鏽鋼調理盆中放入蛋、鹽和番茄醬，以打蛋器混合。一邊將沙拉油分數次加入，一邊攪打乳化，加入優格混合至滑順，再加入番茄汁攪拌均勻。

2 加入**A**，筆直立起打蛋器，一邊使用打蛋器從中心開始，以畫圈的方式混合，一邊反方向轉動調理盆。若打蛋器的鋼條上附著粉類，只要往上提起，附著的粉類便會脫落。

3 加入乾燥羅勒和黑胡椒，改以橡皮刮刀均勻攪拌至無粉粒殘留。把一半麵糊倒入烤模中，並將一半事前準備的馬自拉起司分成6等分，分別放入每個麵糊（a）。再倒入剩餘的麵糊，最後在表面放上事前準備好的番茄、剩餘的起司（b）和新鮮羅勒葉（c）。

4 放入烤箱，以180℃烘烤約20分鐘。從烤箱取出烤模後，以叉子取出馬芬，移至冷卻架上。

# 濕潤＆鬆軟磅蛋糕

# Pound Cake

## chapter 2

將全蛋和砂糖一起放入，確實打發，
使蛋糕充盈著蓬鬆的空氣感。
以植物油等香料油替代奶油，
製作出能充分展現素材原味的磅蛋糕。
無論是大量使用新鮮水果的爽口磅蛋糕，
或以清涼的雞尾酒為主題的成熟風磅蛋糕，製作方法都十分簡單。
最後裝飾上華麗的糖霜或精巧的包裝，也很適合用來送禮喔！

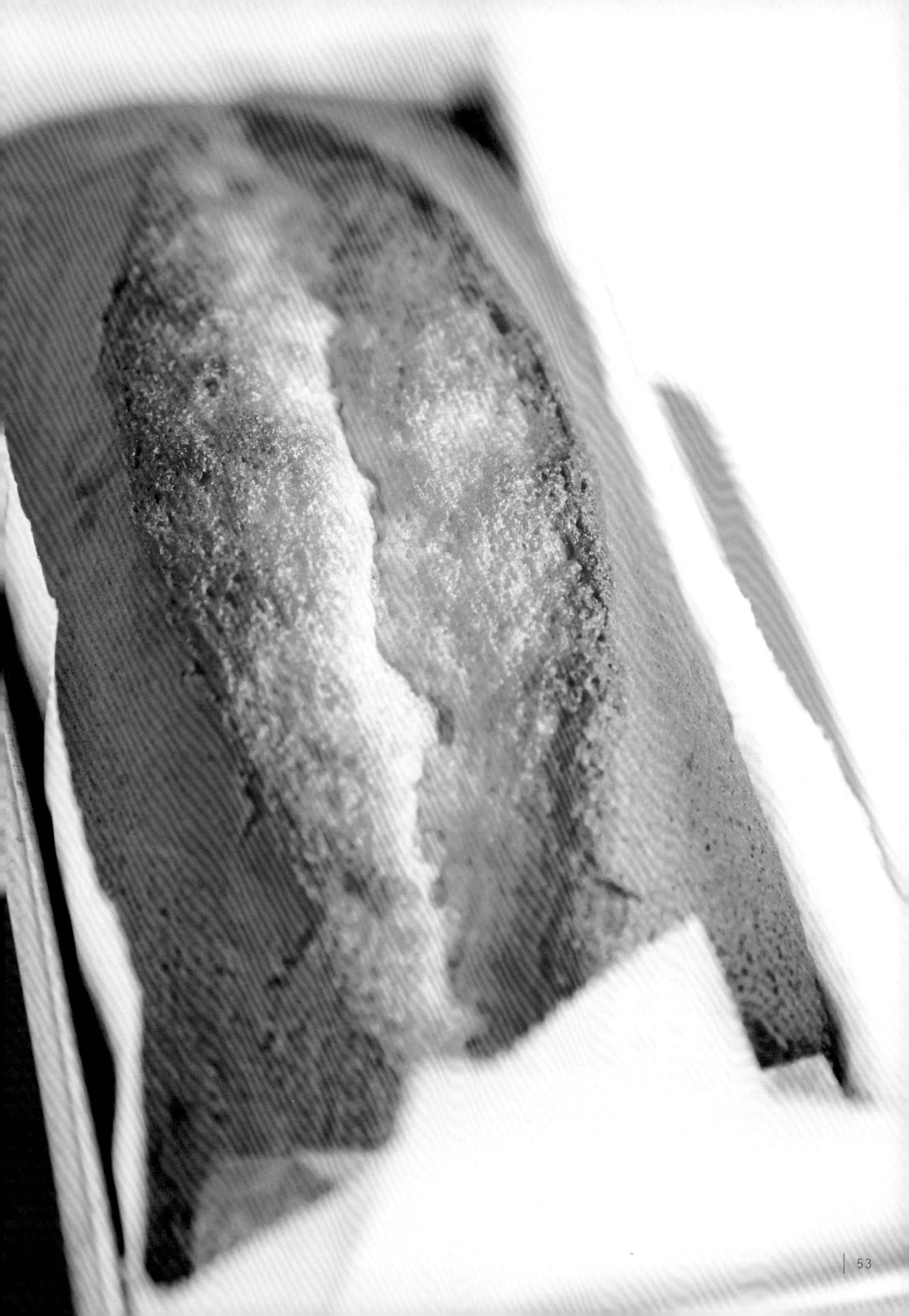

# 基本款
# 香草磅蛋糕

＊成品圖刊登於P.53

鋪在烤模的烘焙紙尺寸

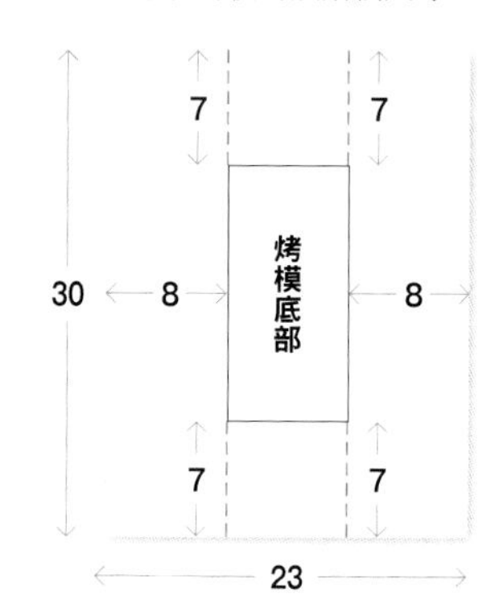


剪開虛線部分（單位=cm）。

## 材料

18×8.5×6cm的磅蛋糕模1個份　※蛋奶素

蛋 … 2個
黍砂糖 … 90g
蜂蜜 … 10g

香料油

原味優格 … 10g
牛奶 … 10g
香草精 … 少許
沙拉油 … 50g

A | 低筋麵粉 … 80g
　| 杏仁粉 … 10g

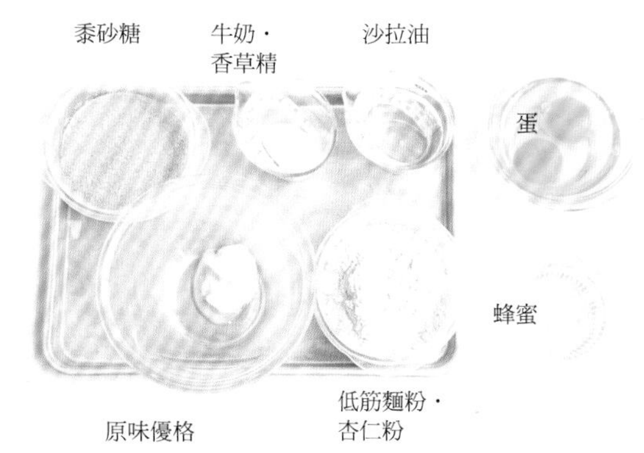


## 事前準備

・蛋恢復至常溫。
・混合過篩A。
・在烤模中放入裁剪好的烘焙紙（右上圖）。
・烤箱預熱至180℃。

## 作法

1

### 製作香料油

在較小調理盆中放入優格，以打蛋器攪打至滑順後，加入牛奶跟香草精攪拌均勻。

2

### 加入沙拉油進行乳化

慢慢加入沙拉油，同時以打蛋器攪打乳化。充分結合油水，可製作出入口即化的蛋糕體。

3

### 打發蛋、砂糖和蜂蜜

在另一個調理盆中放入蛋、黍砂糖和蜂蜜，以電動攪拌器低速攪打。將調理盆稍微傾斜較容易攪打。全部材料攪打均勻後，切換成高速模式，打發至整體變成白色且濃稠，當提起攪拌器時，麵糊呈現緞帶狀流下，且痕跡立即消失的狀態就完成了。

4

### 混合麵糊和香料油

電動攪拌器切換成低速，將麵糊攪打至更加細緻。加入**2**，與麵糊充分混合。若**2**呈現油水分離的狀態，在加入麵糊之前，以打蛋器再次攪打乳化後再加入。

5

### 加入粉類

將**A**分3至4次加入**4**，同時以橡皮刮刀從底部將麵糊翻起，充分混合至無粉粒殘留。每次加入粉類，大約攪拌20次左右即可。

6

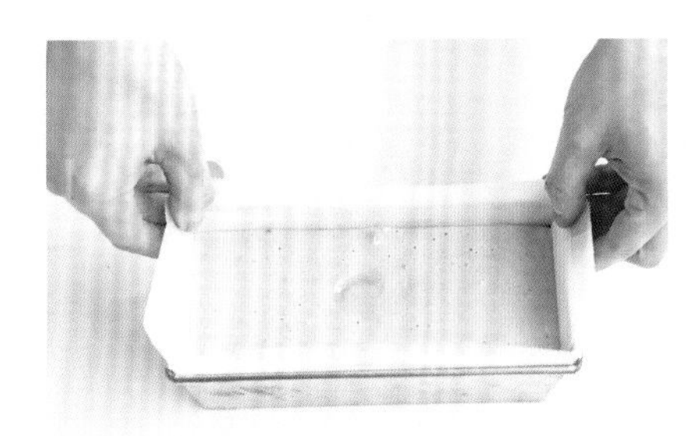

### 烘烤

將**5**的麵糊倒入烤模中，撐開烘焙紙的四個角落，讓麵糊可以均勻流入。從工作檯上方較低處，摔落烤模數回敲出空氣。放入預熱至180℃的烤箱，烘烤30分鐘。

7

### 以小刀劃線

開始烘烤的8至10分鐘左右，當麵糊表面呈逐漸凝固的狀態，從烤箱中取出，以小刀在麵糊中央劃出一條線後，立刻放回烤箱中。多了這道手續，出爐後成品中間才會有漂亮的裂紋。

濕潤

鬆軟

8

### 脫模

出爐後，在工作檯上從較低處摔落烤模，防止蛋糕內縮。連同烘焙紙將蛋糕取出，放到冷卻架上。

◎ 香料油一定要呈乳化狀態才可加入麵糊。若分離，請以打蛋器確實攪打乳化後再加入。

◎ 粉類充分拌勻是蛋糕體細緻的關鍵。混合不足是造成蛋糕體粗糙的主因。

Caramel Walnut Pound Cake

# 焦糖堅果磅蛋糕

**添加了細砂糖焦糖化製作出的**
**手工焦糖醬和香甜核桃是美味的關鍵。**
**由於沒有使用奶油製作，**
**更可以直接品嚐焦糖的美味喔！**

**材料／18×8.5×6cm的磅蛋糕模1個份　※蛋奶素**

蛋 … 2個
黍砂糖 … 60g
香料油
　原味優格 … 20g
　牛奶 … 20g
　焦糖醬（＊） … 60g
　沙拉油 … 50g
A
　低筋麵粉 … 90g
　杏仁粉 … 20g
　肉桂粉 … 少許
焦糖醬
　細砂糖 … 80g
　熱水 … 40g
核桃 … 30g
防潮糖粉 … 適量

**事前準備**

・蛋恢復至常溫。
・核桃微波加熱1分鐘後，切粗粒。
・混合過篩**A**。
・在烤模中放入裁剪好的烘焙紙（請參照圖P.54）。
・烤箱預熱至180℃。

**作法**

1 製作焦糖醬。在鍋中放入細砂糖以中強火加熱，搖晃鍋子至完全融化（若一直無法融化則改以小火煮至完全溶解）並呈深褐色（a）。小泡泡開始變大後熄火。將份量內的熱水一點點加入（b），並搖晃鍋子混合。移至耐熱容器中降溫，取60g製作香料油，剩餘的焦糖醬加入事前準備的核桃拌勻。

2 製作香料油。在較小調理盆中放入優格，以打蛋器攪拌至滑順後，依序加入牛奶跟**1**的焦糖醬攪拌均勻。在慢慢加入沙拉油，同時以打蛋器攪打乳化。

3 在另一個調理盆中放入蛋和黍砂糖，以電動攪拌器低速攪打。等到全部材料攪打均勻後，切換成高速模式，打發至整體變成白色且濃稠。再將電動攪拌器切換成低速，將麵糊攪打至更加細緻後加入**2**，與麵糊充分混合。

4 將**A**分3至4次加入**3**，同時以橡皮刮刀從底部將麵糊翻起，充分混合至無粉粒殘留。將**5**的麵糊倒入烤模中，撐開烘焙紙的四個角落，使麵糊可以均勻流入。從工作檯上方較低處，摔落烤模數回敲出空氣。

5 放入預熱至180℃的烤箱烤30分鐘。開始烘烤的15分鐘左右，從烤箱中取出，撒上**1**的核桃，再烤完剩餘時間。

6 出爐後，在工作檯上從較低處摔落烤模，防止蛋糕內縮。連同烘焙紙將蛋糕取出，放到冷卻架上，最後撒上防潮糖粉。

a

b

Pound Cake :

*Fluffy Gateau au chocolat*

# 輕盈古典巧克力蛋糕

**是一款入口即化的輕盈古典巧克力蛋糕。**
**以粉類較少的配方製作，**
**出爐的成品即使在炎熱的季節也能容易入口。**
**最後再加上一些新鮮莓類或柑桔等水果吧！**

材料／18×8.5×6cm的磅蛋糕模1個份　※蛋奶素

蛋 … 2個
黍砂糖 … 70g
香料油
　牛奶巧克力（可可含量55%）… 80g
　牛奶 … 20g
　沙拉油 … 40g
　原味優格 … 20g

A
　低筋麵粉 … 30g
　可可粉 … 10g
　杏仁粉 … 10g
　泡打粉 … 1/4小匙

B
　鮮奶油 … 100g
　細砂糖 … 1小匙
　利口酒 … 1/2小匙

覆盆莓 … 適量
防潮糖粉 … 適量

事前準備

・蛋恢復至常溫。
・巧克力切碎。
・混合過篩A。
・在烤模中放入裁剪好的烘焙紙（請參照圖P.54）。
・烤箱預熱至170℃。

作法

1 製作香料油。在耐熱容器中放入事前準備的巧克力，微波1分鐘完全融化。在另一個耐熱容器中放入牛奶，微波20秒至沸騰。一點一點慢慢加入巧克力，同時以打蛋器攪打乳化（a）。再慢慢加入沙拉油，以打蛋器攪打乳化（b）。最後一邊加入優格，一邊以打蛋器攪打充分混合（c）。

2 在調理盆中放入蛋和黍砂糖，以電動攪拌器低速攪打。等到全部材料攪打均勻後，切換成高速模式，打發至整體變成白色且濃稠。再將電動攪拌器切換成低速，將麵糊攪打至更加細緻後加入1，攪拌至蛋液呈現咖啡色即可。

3 將A分兩次加入2，同時以橡皮刮刀從底部翻起麵糊，充分混合至無粉粒殘留。將麵糊倒入烤模中，撐開烘焙紙的四個角落，使麵糊可以均勻流入。從工作檯上方較低處，摔落烤模數回敲出空氣。

4 放入烤箱，以170℃烤35分鐘。開始烘烤約10分鐘，麵糊表面逐漸凝固，從烤箱中取出，以小刀在麵糊中央劃出一條線後，立刻放回烤箱中。

5 在調理盆中加入B，一邊將調理盆底部浸泡冰水，一邊以電動攪拌器（或打蛋器）打發至8分發。4出爐後，從工作檯上方較低處摔落烤模，防止蛋糕內縮。連同烘焙紙將蛋糕取出，放到冷卻架上。最後放上覆盆子，並撒上防潮糖粉。分切後再淋上打發好的8分發鮮奶油。

a　b　c

Pound Cake:

*Orange Cake*

# 香橙蛋糕

**裝飾和麵糊都使用了柳橙，**
**讓蛋糕體充分吸滿的柳橙汁，**
**宛如咬下新鮮的柳橙般，**
**強烈的柑橘香氣和口中的餘韻令人驚艷。**

材料／18×8.5×6cm的磅蛋糕模1個份　※蛋奶素

蛋 … 2個
黍砂糖 … 80g

香料油
- 原味優格 … 10g
- 柳橙果醬 … 60g
- 橙皮屑 … 1/2個份
- 沙拉油 … 50g

**A**
- 低筋麵粉 … 80g
- 杏仁粉 … 10g

柳橙片
- 柳橙 … 1/2個
- 細砂糖 … 30g
- 水 … 20g
- 橙酒 … 1/2小匙

柳橙糖漿
- 柳橙果醬 … 20g
- 柳橙汁 … 20g
- 橙酒 … 1/2小匙

### 事前準備

- 蛋恢復至常溫。
- 切去柳橙兩端，再切成10等分的半月形。
- 混合過篩**A**。
- 在烤模中放入裁剪好的烘焙紙（請參照圖P.54）。
- 烤箱預熱至180℃。

### 作法

1 製作柳橙片。在耐熱容器中放入份量內的水和細砂糖，微波1分鐘加熱至砂糖融化。放入事前準備的柳橙，以保鮮膜覆蓋並緊貼柳橙，再加熱4分鐘。拿掉保鮮膜後，撒上橙酒。放置降溫後，再以廚房紙巾拭乾水分。

2 製作香料油。在較小調理盆中放入優格，以打蛋器攪拌至滑順後，加入柳橙果醬跟柳橙皮屑攪拌均勻。慢慢加入沙拉油，同時以打蛋器攪打乳化。

3 在另一個調理盆中放入蛋和黍砂糖，以電動攪拌器低速攪打。等到全部材料攪打均勻後，切換成高速模式，打發至整體變成白色且濃稠。再將電動攪拌器切換成低速，將麵糊攪打至更加細緻後加入**2**攪拌均勻。

4 將**A**分3至4次加入**3**，同時以橡皮刮刀從底部翻起麵糊，充分混合至無粉粒殘留。將麵糊倒入烤模中，撐開烘焙紙的四個角落，使麵糊可以均勻流入。從工作檯上方較低處，摔落烤模數回敲出空氣。

5 放入烤箱，以180℃烤30分鐘。開始烘烤後約10分鐘，麵糊表面呈逐漸凝固的狀態，從烤箱中取出，稍微重疊的擺上**1**後（*a*），立刻放回烤箱中。

*a*

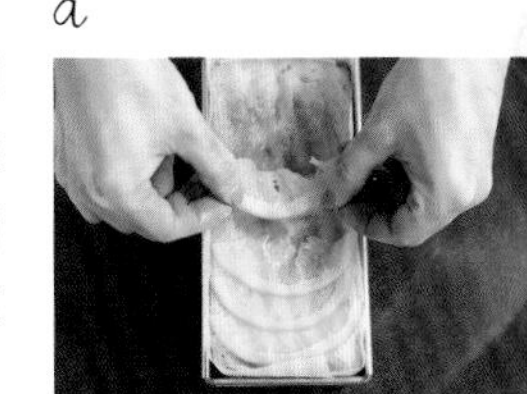

6 製作柳橙糖漿。在耐熱容器中加入柳橙果醬和柳橙汁，微波加熱1分鐘後，以篩子過濾，以湯匙背面輕壓，使果肉通過篩子呈泥狀。再加入橙酒攪拌均勻。

7 **5**出爐後，從工作檯上方較低處摔落烤模，防止蛋糕內縮。連同烘焙紙將蛋糕取出後，剝除烘焙紙並以毛刷刷上**6**，再放到冷卻架進行冷卻。

蔓越莓檸檬蛋糕

熱帶風情蛋糕

Pound Cake :

*Glazed Cranberry Lemon Cake*

# 蔓越莓檸檬蛋糕

**覆盆子與檸檬爽口的酸度非常具有吸引力。**
**華麗的檸檬糖霜搭配上鮮紅色覆盆子，**
**可愛的裝飾很適合在宴客時，**
**當作送給客人的禮物喔！**

材料／18×8.5×6cm的磅蛋糕模1個份　※蛋奶素

蛋 … 2個
細砂糖 … 80g
蜂蜜 … 10g

香料油

原味優格 … 20g
牛奶 … 20g
沙拉油 … 50g
檸檬皮屑 … 1/2個份
蔓越莓乾 … 40g

A
- 低筋麵粉 … 80g
- 杏仁粉 … 10g

檸檬糖霜

檸檬汁 … 1小匙
粉糖 … 30g

蔓越莓乾（裝飾用） … 適量
檸檬皮 … 適量

事前準備

- 蛋恢復至常溫。
- 香料油用蔓越莓乾放入耐熱容器內，注入可覆蓋過的水，微波加熱40秒。取出後以廚房紙巾拭乾水分並切碎。
- 切碎裝飾用蔓越莓乾。
- 混合過篩**A**。
- 在烤模中放入裁剪好的烘焙紙（請參照圖P.54）。
- 烤箱預熱至180℃。

作法

1 製作香料油。在較小調理盆中放入優格，以打蛋器攪拌至滑順後，加入牛奶攪拌均勻。慢慢加入沙拉油，同時以打蛋器攪打乳化。再依序加入檸檬皮屑和事前準備的蔓越莓乾拌勻。

2 在另一個調理盆中放入蛋、細砂糖和蜂蜜，以電動攪拌器低速攪打。等到全部材料攪打均勻後，切換成高速模式，打發至整體變成白色且濃稠。再將電動攪拌器切換成低速，將麵糊攪打至更細緻後，加入**1**攪拌至全部混和均勻。

3 將**A**分3至4次加入**2**，同時以橡皮刮刀從底部翻起麵糊，充分混合至無粉粒殘留。將麵糊倒入烤模中，撐開烘焙紙的四個角落，使麵糊可以均勻流入。從工作檯上方較低處，摔落烤模數回敲出空氣。

4 放入烤箱，以180℃烤30分鐘。開始烘烤後約10分鐘，麵糊表面呈逐漸凝固的狀態，從烤箱中取出，以小刀在麵糊中央劃出一條線後，立刻放回烤箱中。出爐後，在工作檯上從較低處摔落烤模，防止蛋糕內縮。連同烘焙紙將蛋糕取出，放到冷卻架上。

5 製作檸檬糖霜。在較小的調理盆中，混合檸檬汁和糖粉，若糖霜太硬就加入少量水分調整，以湯匙澆淋在蛋糕上（請參照P.31圖a）。趁尚未乾燥時撒上裝飾用蔓越莓乾和以刨刀刨細絲的檸檬皮屑。

*Tropical Cake*

# 熱帶風情蛋糕

**富含芒果與椰子風味的蛋糕。**
**加入高筋麵粉的麵糊使材料不會沉積在底部，**
**可以烤出切面漂亮的成品。**

材料／18×8.5×6cm的磅蛋糕模1個份　※蛋奶素

蛋 … 2個
細砂糖 … 80g
香料油
　原味優格 … 40g
　牛奶 … 20g
　沙拉油 … 50g
　芒果乾 … 50g
A｜低筋麵粉 … 50g
　｜高筋麵粉 … 20g
覆盆子（冷凍） … 30g
椰子粉 … 30g
椰茸 … 10g

**事前準備**

- 蛋恢復至常溫。
- 芒果乾以食物調理機打碎或以料理剪刀剪成5mm小丁。
- 混合過篩**A**。
- 在烤模中放入裁剪好的烘焙紙（請參照圖P.54）。
- 烤箱預熱至170℃。

作法

1 製作香料油。在較小調理盆中放入優格，以打蛋器攪拌至滑順後，加入牛奶攪拌均勻。慢慢加入沙拉油，同時以打蛋器攪打乳化。再加入事前準備的芒果乾浸漬10分鐘。

2 在另一個調理盆中，放入蛋和細砂糖，以電動攪拌器低速攪打。等到全部材料攪打均勻後，切換成高速模式，打發至整體變成白色且濃稠。再將電動攪拌器切換成低速，將麵糊攪打至更細緻後，加入**1**攪拌至全部混合均勻。

3 將**A**分3至4次加入**2**，同時以橡皮刮刀從底部翻起麵糊，充分混合至無粉粒殘留。把以手捏碎的覆盆子和椰子粉後，加入拌勻，再將麵糊倒入烤模中，撐開烘焙紙的四個角落，使麵糊可以均勻流入。從工作檯上方較低處，摔落烤模數回敲出空氣。

4 在**3**撒上椰茸，放入烤箱，以170℃烤40分鐘。出爐後，在工作檯上從較低處摔落烤模，防止蛋糕內縮。連同烘焙紙將蛋糕取出，放到冷卻架上。

Pound Cake :

*Café au Lait Cake*

# 咖啡歐蕾蛋糕

**鋪滿大顆胡桃富有咀嚼趣味。**
**麵糊中拌入了增添咖啡歐蕾乳香的**
**白巧克力和楓糖漿**
**也替味覺帶來了層次感。**

材料／18×8.5×6cm的磅蛋糕模1個份　※蛋奶素

蛋 … 2個
黍砂糖 … 60g
楓糖漿 … 30g
香料油
　原味優格 … 30g
　牛奶 … 10g
　即溶咖啡（粉狀） … 1大匙
　沙拉油 … 50g
A｜低筋麵粉 … 70g
　｜杏仁粉 … 20g
白巧克力 … 20g
胡桃 … 20g

事前準備

・蛋恢復至常溫。
・將白巧克力切細碎（*a*）。
・混合過篩**A**。
・在烤模中放入裁剪好的烘焙紙（請參照圖P.54）。
・烤箱預熱至180℃。

*a*

作法

1　製作香料油。在較小調理盆中放入優格，以打蛋器攪拌至滑順後，加入牛奶和即溶咖啡攪拌均勻。慢慢加入沙拉油，同時以打蛋器攪打乳化。

2　在另一個調理盆中放入蛋、黍砂糖和楓糖漿，以電動攪拌器低速攪打。等到全部材料攪打均勻後，切換成高速模式，打發至整體變成白色且濃稠。再將電動攪拌器切換成低速，將麵糊攪打至更細緻後，加入**1**攪拌至全部混合均勻。

3　將**A**分3至4次加入**2**，同時以橡皮刮刀從底部翻起麵糊，充分混合至無粉粒殘留。加入事前準備的白巧克力混勻，再將麵糊倒入烤模中，撐開烘焙紙的四個角落，使麵糊可以均勻流入。從工作檯上方較低處，摔落烤模數回敲出空氣。

4　在**3**撒上胡桃，放入烤箱，以180℃烤30分鐘。出爐後，在工作檯上從較低處摔落烤模，防止蛋糕內縮。連同烘焙紙將蛋糕取出，放到冷卻架上。

*Caramel Milk Tea Cake*

# 焦糖奶茶蛋糕

**加入了紅茶茶葉和牛奶糖，**
**更能凸顯伯爵紅茶的香氣和蓬鬆的口感。**
**茶包與市售的牛奶糖是製作點心時，**
**方便購得且非常萬用的材料。**

材料／18×8.5×6cm的磅蛋糕模1個份　※蛋奶素

蛋 … 2個
黍砂糖 … 90g
香料油
　原味優格 … 10g
　沙拉油 … 50g
　A
　　牛奶 … 30g
　　伯爵紅茶茶葉（茶包）… 1包
　　牛奶糖 … 20g
B
　低筋麵粉 … 80g
　伯爵紅茶茶葉（茶包）… 1包
牛奶糖（裝飾用）… 20g

事前準備

- 蛋恢復至常溫。
- 將A、B的伯爵紅茶茶葉分別從茶包中取出。
- 過篩B的低筋麵粉，再和一包茶包的伯爵紅茶茶葉混合。
- 將A及裝飾用牛奶糖以料理剪刀分成8等分。
- 在烤模中放入裁剪好的烘焙紙（請參照圖P.54）。
- 烤箱預熱至180℃。

作法

1 製作香料油。在較小調理盆中放入優格，以打蛋器打至滑順。在耐熱容器中放入A，微波加熱約40秒後仔細攪拌，讓牛奶糖融化。連茶葉 起加入優格中攪拌均勻（a）。慢慢加入沙拉油，同時以打蛋器攪打乳化。

2 在另一個調理盆中放入蛋和黍砂糖，以電動攪拌器低速攪打。等到全部材料攪打均勻後，切換成高速模式，打發至整體變成白色且濃稠。再將電動攪拌器切換成低速，將麵糊攪打至更細緻後，加入**1**攪拌至全部混合均勻。

3 將事前準備的B分3至4次加入**2**，同時以橡皮刮刀從底部翻起麵糊，充分混合至無粉粒殘留。將麵糊倒入烤模中，撐開烘焙紙的四個角落，使麵糊可以均勻流入。從工作檯上方較低處，摔落烤模數回敲出空氣。

4 在**3**撒上裝飾用牛奶糖，放入烤箱，以180℃烤35分鐘。出爐後，在工作檯上從較低處摔落烤模，防止蛋糕內縮。連同烘焙紙將蛋糕取出，放到冷卻架上。

*a*

Pound Cake :

*Sangria Cake*

# 桑格麗亞蛋糕

**大量添加紅酒和水果**
**製作出成熟韻味的美麗蛋糕。**
**紅酒的味道不會太過濃厚，**
**害怕酒味的人也可以安心享用。**

材料／18×8.5×6cm的磅蛋糕模1個份　※蛋奶素

蛋 … 2個
黍砂糖 … 80g
蜂蜜 … 10g
香料油
　原味優格 … 10g
　沙拉油 … 50g
　紅酒 … 50g
　橙皮 … 1/4個
　無花果 … 2大個
A
　低筋麵粉 … 70g
　高筋麵粉 … 10g
　杏仁粉 … 10g
　肉桂粉 … 少許
糖漿
　藍莓果醬 … 30g
　紅酒 … 10g
無花果乾（裝飾用） … 2個
橙皮 … 約25cm

**事前準備**

- 蛋恢復至常溫。
- 製作香料油用紅酒放入耐熱容器微波加熱3分鐘，收乾至約30g。
  將2個無花果乾切成8mm小丁。
- 將裝飾用無花果乾縱切成3等分。
- 以專用刨刀（或水果刀）刨出約25cm長的橙皮（a），並捲在筷子上，使其變成螺旋狀（b）。
- 混合過篩**A**。
- 在烤模中放入裁剪好的烘焙紙（P.54。
- 烤箱預熱至180℃。

**作法**

1 製作香料油。在較小調理盆中放入優格，以打蛋器攪拌至滑順後，慢慢加入沙拉油，並同時攪拌均勻。將事前準備的紅酒分數次一邊加入，一邊攪打乳化。最後混入橙皮和事前準備的無花果乾。

2 在另一個調理盆中放入蛋、黍砂糖和蜂蜜，以電動攪拌器低速攪打。等到全部材料攪打均勻後，切換成高速模式，打發至整體變成白色且濃稠。再將電動攪拌器切換成低速，將麵糊攪打至更細緻後，加入**1**攪拌至全部混和均勻。

3 將**A**分3至4次加入**2**，同時以橡皮刮刀從底部翻起麵糊，充分混合至無粉粒殘留。將麵糊倒入烤模中，撐開烘焙紙的四個角落，使麵糊可以均勻流入。從工作檯上方較低處，摔落烤模數回敲出空氣。

4 放入180℃的烤箱烤35分鐘。開始烘烤後約10分鐘，麵糊表面呈逐漸凝固的狀態，從烤箱中取出，以小刀在麵糊中央劃出一條線後，立刻放回烤箱中。

5 出爐後，在工作檯上從較低處摔落烤模，防止蛋糕內縮。連同烘焙紙將蛋糕取出，放到冷卻架上降溫。

6 製作糖漿。將藍莓果醬和紅酒放入耐熱容器中微波加熱1分鐘，以刷子塗在**5**的表面。再點綴上裝飾用無花果乾和橙皮。

a　　b

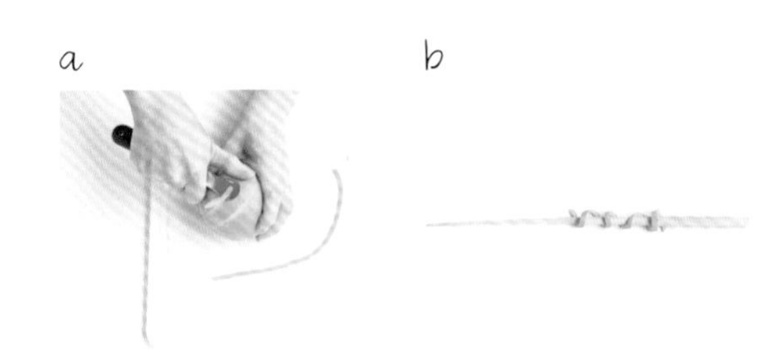

Mojito Cake
# 莫吉托蛋糕

**組合了薄荷和能均衡味覺的萊姆及萊姆酒，**
**製作成飄散著清新香氣的點心。**
**看起來很時髦的萊姆片，不僅可以輕鬆製作，**
**裝飾蛋糕時也非常好用。**

材料／18×8.5×6cm的磅蛋糕模1個份　※蛋奶素

蛋 … 2個
黍砂糖 … 90g
蜂蜜 … 10g
香料油
　薄荷茶茶葉（茶包） … 1包
　牛奶 … 30g
　原味優格 … 10g
　萊姆皮屑 … 1/4個
　沙拉油 … 50g
低筋麵粉 … 90g
薄荷葉 … 約20片
萊姆酒 … 1大匙
萊姆 … 1/2個

事前準備

・蛋恢復至常溫。
・薄荷茶茶葉從茶包中取出。
・過篩低筋麵粉。
・在烤模中放入裁剪好的烘焙紙（請參照圖P.54）。
・烤箱預熱至180℃。

作法

1　製作香料油。將薄荷茶茶葉和牛奶放入耐熱容器中，微波加熱40秒後，放至降溫。在較小調理盆中放入優格，以打蛋器攪拌至滑順後，連茶葉一起將牛奶及萊姆皮屑加入混合。慢慢加入沙拉油，同時攪拌均勻。將事前準備的紅酒分數次一邊加入，一邊攪打乳化。

2　在另一個調理盆中放入蛋、黍砂糖和蜂蜜，以電動攪拌器低速攪打。等到全部材料攪打均勻後，切換成高速模式，打發至整體變成白色且濃稠。再將電動攪拌器切換成低速，將麵糊攪打至更細緻後，加入**1**攪拌至全部混合均勻。

3　將低筋麵粉分3至4次加入**2**，同時以橡皮刮刀從底部翻起麵糊，充分混合至無粉粒殘留。將麵糊倒入烤模，撐開烘焙紙的四個角落，使麵糊可以均勻流入。從工作檯上方較低處摔落烤模數回敲出空氣。

4　在**3**撒上薄荷葉，放入烤箱，以180℃烤35分鐘。出爐後，從工作檯上方較低處摔落烤模，防止蛋糕內縮。連同烘焙紙將蛋糕取出，放到冷卻架上。在表面以刷子塗上萊姆酒，並放置冷卻降溫。

5　將萊姆切成5mm厚度的圓片後，以廚房紙巾拭乾水分。排列在耐熱盤中，微波加熱3分鐘，再次以廚房紙巾拭乾水分。排列在鋪有烘焙紙的烤盤中，放入110℃的烤箱烘烤約25分鐘，最後裝飾於**4**上。

# 調理盤就能作の方塊戚風蛋糕

# Square Chiffon Cake

## chapter 3

以家庭常見的調理盤取代戚風烤模。
製作方法只要將蛋黃麵糊和蛋白霜
拌入材料即可，相當輕鬆愉快。
令人滿足的份量和濕潤鬆軟的口感，不知不覺就吃完了呢！
本書食譜皆以香蕉、蘋果、柚子茶和薑等容易取得的食材製作，
就讓我們一起作超簡單家庭方塊戚風蛋糕吧！

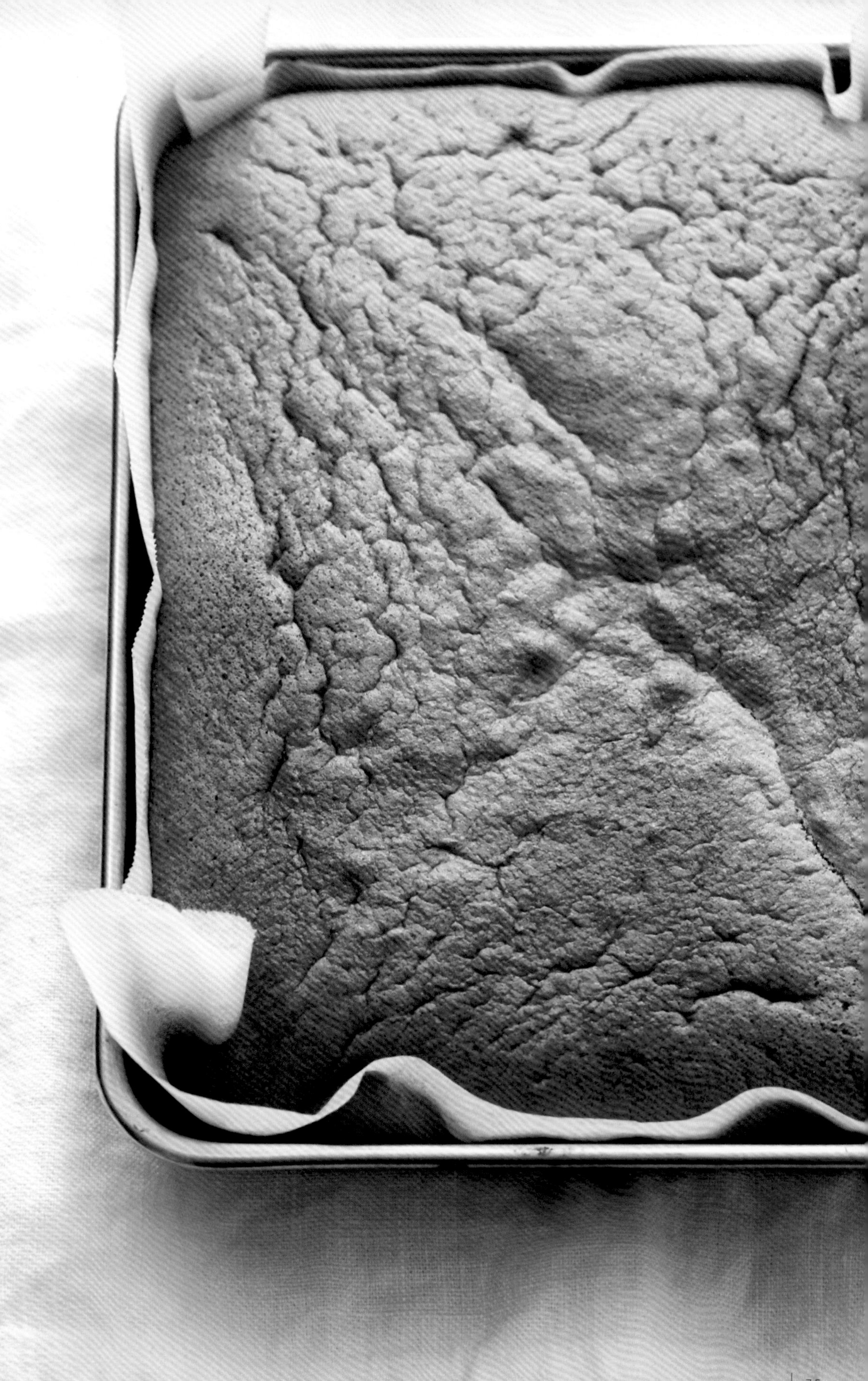

# 基本款
# 香草方塊戚風

＊成品圖請見P.75

## 材料

**26×20×4cm的不鏽鋼製調理盤1個份　※蛋素**

**A**
- 蛋黃 … 4個
- 香草精 … 少許
- 黍砂糖 … 100g
- 沙拉油 … 50g
- 水 … 50g

蛋白霜
- 蛋白 … 4個（140g）
  ＊蛋白份量會影響蛋糕的膨脹和口感，請準確量取140g蛋白。
- 細砂糖 … 40g

**B**
- 低筋麵粉 … 140g
- 泡打粉 … 1小匙

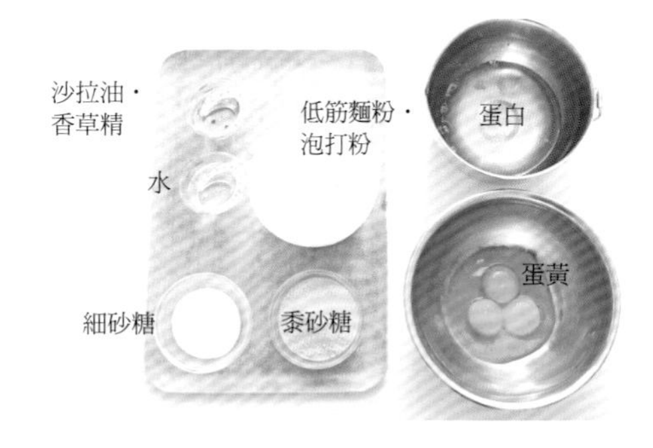


## 事前準備

・蛋白事先放入冰箱冷藏。
若能連同調理盆一起冷藏更佳。
・混合過篩**B**。
・在調理盤中放入裁剪好的烘焙紙（請參考右上圖）。
・烤箱預熱至170℃。

鋪在烤模的烘焙紙尺寸

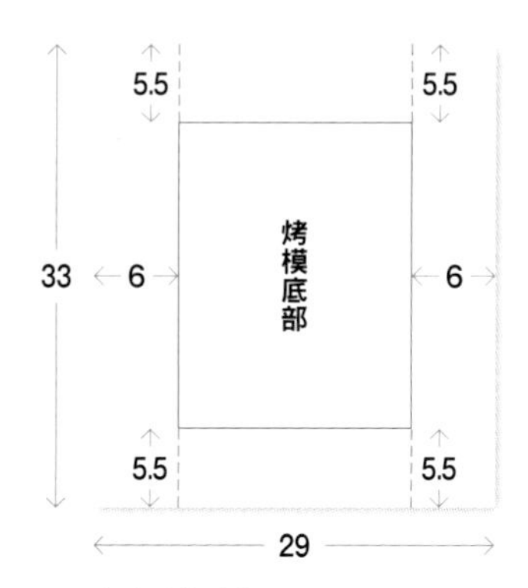


請剪開虛線部分（單位=cm）。

## 作法

1

**製作蛋黃糊**

在調理盆中放入**A**，並立即以打蛋器充分混拌乳化。

2

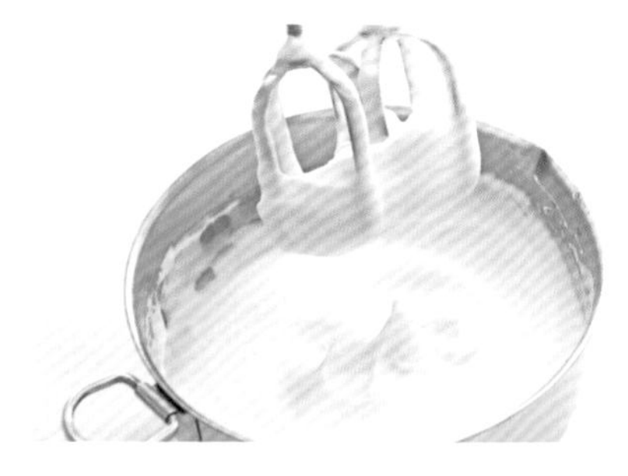

**製作蛋白霜**

在另一個調理盆中放入冰涼的蛋白，並將細砂糖一次加入，以電動攪拌器高速打發至可拉出挺立的尖角。傾斜調理盆時，蛋白霜不會從側面慢慢滑落即可。

### 在蛋黃糊中加入麵粉

在**1**中加入一半的**B**，筆直立起打蛋器，一邊以攪拌的反方向轉動調理盆，一邊迅速混拌。

### 加入蛋白霜

加入一半的**2**，以打蛋器從底部重複撈起，混拌至尚可看到一些蛋白霜的程度即可。

### 混合至完全沒有粉粒

在**4**加入剩下的**B**，改以橡皮刮刀混合至無粉粒殘留，加入剩餘的**2**，重複從底部翻起混合至質地均勻。

6

### 烘烤

將**5**麵糊倒入調理盤中，並以橡皮刮刀抹開表面。此時若在麵糊上劃出對角線，烘烤時整體熟度跟膨脹狀態會較平均。從工作檯上方較低處將調理盤摔落3至4次，震出麵糊內的氣泡，放入烤箱，以170℃烤25分鐘。

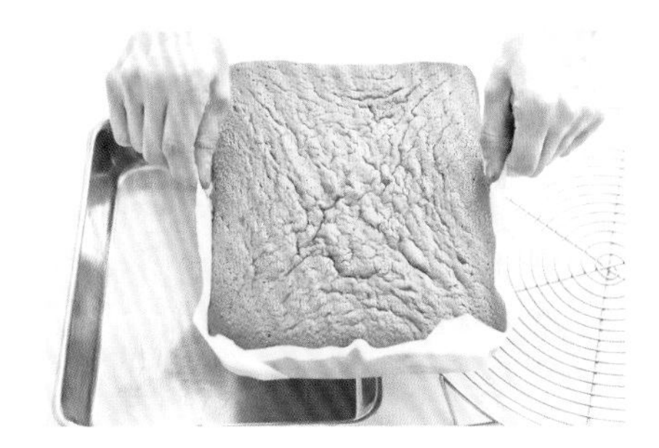

### 從調理盤內取出

出爐後，從工作檯上方較低處摔落調理盤，防止蛋糕內縮。連同烘焙紙將蛋糕取出後，移至冷卻架上。

◎ 出爐後為防止蛋糕表面下凹，蛋白霜確實打發至拉出挺立的尖角。

◎ 因為麵粉比例比一般的戚風蛋糕更高，因此將粉類與蛋白霜分兩次加入。以不讓蛋白霜消泡的方式，從調理盆底部翻起般混合，即可作出保有蓬鬆感又不易破裂的蛋糕。

Banana Walnut Chiffon Cake

# 香蕉與核桃戚風

**足足使用了三根香蕉，十分具有飽足感，**
**適合當早餐享用，亦可搭配牛奶當作小朋友的點心。**
**最後再撒上大量的核桃，**
**增添了豐富的咀嚼樂趣。**

材料／26×20×4cm的不鏽鋼製調理盤1個份　※蛋素

A
- 蛋黃 … 4個
- 黍砂糖 … 120g
- 沙拉油 … 50g

香蕉 … 3根（去皮300g）

蛋白霜
- 蛋白 … 4個（140g）
- 細砂糖 … 40g

B
- 低筋麵粉 … 150g
- 泡打粉 … 1又1/4小匙

核桃 … 30g

事前準備

・蛋白事先放入冰箱冷藏。
若能連同調理盆一起冷藏更佳。
・混合過篩B。
・在調理盤中放入裁剪好的烘焙紙
（成品圖請見P.76）。
・烤箱預熱至170℃。

作法

1 在調理盆中放入2根香蕉，以叉子壓成泥，再放入A並立即以打蛋器充分混拌乳化。

2 製作蛋白霜。在另一個調理盆中放入冰涼的蛋白，並將細砂糖一次加入，以電動攪拌器高速打發至可拉出挺立的尖角。

3 在1中加入一半的B，筆直立起打蛋器，一邊以攪拌的反方向轉動調理盆，一邊迅速混拌。再加入一半的2，以打蛋器從底部重複撈起，混拌至尚可看到一些蛋白霜的程度即可。

4 在3加入剩下的B，改以橡皮刮刀混合至無粉粒殘留，加入剩餘的2，重複從底部翻起混合至質地均勻。

5 將4的麵糊倒入調理盤中，並以橡皮刮刀抹平表面。從工作檯上方較低處將調理盤摔落數次，震出麵糊內的氣泡。以手撕碎剩下的香蕉放在麵糊上，再撒上切成粗粒的核桃。

6 放入烤箱，以170℃烤35分鐘。出爐後，從工作檯上方較低處摔落調理盤，防止蛋糕內縮。連同烘焙紙將蛋糕取出後，移至冷卻架上。

夏日布丁戚風

Square Chiffon Cake :

*Summer Pudding Chiffon Cake*

# 夏日布丁戚風

**以英國傳統的夏季甜點為主軸，**
**在戚風蛋糕中放入滿滿的莓果，**
**果醬的甜味與新鮮莓果的酸味，酸酸甜甜超好吃。**

材料／26×20×4cm的不鏽鋼製調理盤1個份　※蛋素

A
- 蛋黃 … 3個
- 細砂糖 … 40g
- 沙拉油 … 30g
- 喜歡的果醬（建議混合兩種以上的草莓、藍莓、覆盆莓等果醬）… 合計120g
- 橘子汁 … 30g
- 檸檬皮屑 … 1/2個

蛋白霜
- 蛋白 … 3個（110g）
- 細砂糖 … 30g

B
- 低筋麵粉 … 100g
- 泡打粉 … 1小匙
- 肉桂粉 … 少許

覆盆莓、藍莓（皆可選擇冷凍）… 共100g
＊使用冷凍莓果時毋需解凍直接製作，若有結塊請撥開後再使用。

菠蘿粒

C
- 低筋麵粉 … 40g
- 杏仁粉 … 20g
- 黍砂糖 … 20g

- 沙拉油 … 20g
- 香草精 … 少許

**事前準備**
- 蛋白事先放入冰箱冷藏。若能連同調理盆一起冷藏更佳。
- 各自混合過篩**B**和**C**。
- 在調理盤中放入裁剪好的烘焙紙（成品圖請見P.76）。
- 烤箱預熱至180℃。

**作法**

1 製作菠蘿粒。在調理盆中放入**C**，以刮板貼著鋼盆邊緣在C中央作出一個凹槽，將沙拉油和香草精倒入凹槽中。一邊以混拌的反向旋轉調理盆，一邊以粉類蓋過油類的方式混合。刮板以切拌的方式混合至整體變成顆粒狀態（請參照P.37圖*a*）。

2 在另一個調理盆中放入**A**並立即以打蛋器充分混拌乳化。

3 製作蛋白霜。在另一個調理盆中放入冰涼的蛋白，並將細砂糖一次加入，以電動攪拌器高速打發至可拉出挺立的尖角。

4 在**2**中加入一半的**B**，筆直立起打蛋器，一邊以攪拌的反方向轉動調理盆，一邊迅速混拌。再加入一半的**3**，以打蛋器從底部重複撈起，混拌至尚可看到一些蛋白霜的程度即可。

5 在**4**加入剩餘的**B**，改以橡皮刮刀混合至無粉粒殘留，加入剩餘的**3**，重複從底部翻起混合至質地均勻。

6 將**5**的麵糊倒入調理盤中，並以橡皮刮刀抹平表面。從工作檯上方較低處將調理盤摔落數次，震出麵糊內的氣泡。

7 放入烤箱，以180℃烤35分鐘。開始烘烤約5分鐘，從烤箱中取出，撒上**1**和覆盆子、藍莓後（*a*）立刻放回烤箱中。出爐後，從工作檯上方較低處摔落調理盤，防止蛋糕內縮。連同烘焙紙將蛋糕取出後，移至冷卻架上。

*a*

Square Chiffon Cake：

*Apple Chiffon Cake Tarte Tatin Style*

# 反烤蘋果塔風味戚風

**焦糖蘋果的豐潤甜度與戚風蛋糕體**
**搭配出的整體感可說是美味的黃金比例！**
**令人咬下每一口都會露出滿足笑容。**

材料／26×20×4cm的不鏽鋼製調理盤1個份　※蛋素

A
- 蛋黃 … 3個
- 香草精 … 少許
- 黍砂糖 … 70g
- 沙拉油 … 40g
- 水 … 40g

蛋白霜
- 蛋白 … 3個（110g）
- 細砂糖 … 30g

B
- 低筋麵粉 … 110g
- 泡打粉 … 1小匙
- 肉桂粉 … 1/4小匙

蘋果焦糖醬
- 蘋果 … 2個（去皮後500g）
- 細砂糖 … 115g
- 水 … 25g
- 沙拉油 … 1大匙

**事前準備**

- 蛋白事先放入冰箱冷藏。若能連同調理盆一起冷藏更佳。
- 蘋果去皮，縱向剖開並挖去籽，切成5mm厚片狀。
- 混合過篩B。
- 烤箱預熱至180℃。

作法

1 製作蘋果焦糖醬。在平底鍋中放入100g細砂糖和份量內的水，以中強火加熱，並搖晃鍋子融化砂糖，煮至稍微冒煙且呈現褐色（a）。立刻倒入調理盤內，均勻分布並凝固於盤底（b）。

2 將蘋果片稍微重疊排列在1上。從中央那列開始排成3列（c）。將所有蘋果毫無空隙地排好。撒上剩餘的細砂糖並來回淋上沙拉油。以180℃烤箱烤約30分鐘，再取出降溫。

3 在調理盆中放入A並立即以打蛋器充分混拌乳化。

4 製作蛋白霜。在另一個調理盆中放入冰涼的蛋白，並將細砂糖一次加入，以電動攪拌器高速打發至可拉出挺立的尖角。

5 在3中加入一半的B，筆直立起打蛋器，一邊以攪拌的反方向轉動調理盆，一邊迅速混拌。再加入一半的4，以打蛋器從底部重複撈起，混拌至尚可看到一些蛋白霜的程度即可。

6 在5加入剩餘的B，改以橡皮刮刀混合至無粉粒殘留，加入剩餘的4，重複從底部翻起混合至質地均勻。

7 在2的調理盤內側塗上一層薄薄的沙拉油（份量外），將6的麵糊倒入調理盤中，並以橡皮刮刀抹平表面。從工作檯上方較低處將調理盤摔落數次，震出麵糊內的氣泡。

8 放入烤箱，以180℃烤30分鐘。出爐後，從工作檯上方較低處摔落調理盤，防止蛋糕內縮。連同烤盤將蛋糕移至冷卻架上。以刀子插入蛋糕邊緣沿著四周劃一圈，再將調理盤翻面，倒扣出蛋糕。

a

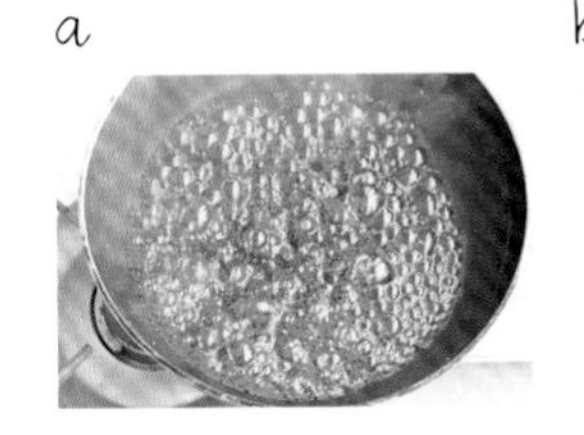

b

c

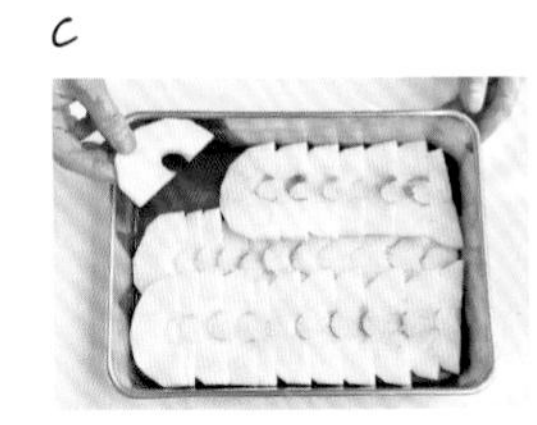

Square Chiffon Cake :

*Green Tea & Azuki Beans Chiffon Cake*

# 宇治金時戚風

**映入眼簾的是鮮豔抹茶綠和**
**淡淡櫻花粉組成而成的美麗色調。**
**添加了甜度較低的紅豆和鹽漬櫻花**
**讓人忍不住一口接一口。**
**隔天再享用，更加濕潤的口感也很美味。**

材料／26×20×4cm的不鏽鋼製調理盤1個份　※蛋素

A
- 蛋黃 … 4個
- 黍砂糖 … 60g
- 沙拉油 … 50g
- 水煮紅豆 … 100g
- 牛奶 … 50g

蛋白霜
- 蛋白 … 4個（140g）
- 細砂糖 … 40g

B
- 低筋麵粉 … 120g
- 抹茶 … 15g
- 泡打粉 … 1又1/4小匙

鹽漬櫻花（a） … 20g

事前準備

・蛋白事先放入冰箱冷藏。
　若能連同調理盆一起冷藏更佳。
・櫻花以水沖洗並浸在水中10分鐘去除鹽分。
　再以廚房紙巾拭乾水分，摘掉粗梗。
　取適量形狀漂亮的櫻花作為裝飾用，其餘則切碎。
・混合過篩B。
・在調理盤中放入裁剪好的烘焙紙
　（成品圖請見P.76）。
・烤箱預熱至170℃。

作法

1　在調理盆中放入A和事前準備的切碎櫻花，立即以打蛋器充分混拌乳化。

2　製作蛋白霜。在另一個調理盆中放入冰涼的蛋白，並將細砂糖一次加入，以電動攪拌器高速打發至可拉出挺立的尖角。

3　在1中加入一半的B，筆直立起打蛋器，一邊以攪拌的反方向轉動調理盆，一邊迅速混拌。再加入一半的2，以打蛋器從底部重複撈起，混拌至尚可看到一些蛋白霜的程度即可。

4　在3加入剩餘的B，改以橡皮刮刀混合至無粉粒殘留，加入剩餘的2，重複從底部翻起混合至質地均勻。

5　將4的麵糊倒入調理盤中，並以橡皮刮刀抹平表面。從工作檯上方較低處將調理盤摔落數次，震出麵糊內的氣泡，再撒上裝飾用櫻花。

6　放入烤箱，以170℃烤30分鐘。出爐後，從工作檯上方較低處摔落調理盤，防止蛋糕內縮。連同烘焙紙將蛋糕取出後，移至冷卻架上。

*a*

*Apricot Almond Chiffon Cake*

# 杏桃杏仁戚風

**浸漬過杏仁香甜酒的杏桃乾和杏仁，**
**讓蛋糕品嚐起來更加輕盈。**
**將糖粉以對齊邊緣的條狀呈現，**
**完成俐落感十足的裝飾。**

材料／26×20×4cm的不鏽鋼製調理盤1個份　※蛋素

A
- 蛋黃 … 4個
- 黍砂糖 … 90g
- 沙拉油 … 30g
- 水 … 30g

杏桃乾 … 50g
杏仁香甜酒 … 2大匙

蛋白霜
- 蛋白 … 4個（140g）
- 細砂糖 … 40g

B
- 低筋麵粉 … 100g
- 杏仁粉 … 30g
- 泡打粉 … 1小匙

杏仁片 … 20g
防潮糖粉 … 適量

事前準備
- 蛋白事先放入冰箱冷藏。
  若能連同調理盆一起冷藏更佳。
- 在耐熱容器放入杏桃乾，倒入可淹過果乾的水量，
  微波加熱1分鐘。取出後拭乾水分，切成粗粒，
  再撒上杏仁香甜酒（a）。
- 混合過篩B。
- 在調理盤中放入裁剪好的烘焙紙
  （成品圖請見P.76）。
- 烤箱預熱至170℃。

作法

1 在調理盆中放入A，立即以打蛋器充分混拌乳化。再加入事前準備時醃杏桃乾的湯汁，混合均勻。

2 製作蛋白霜。在另一個調理盆中放入冰涼的蛋白，並將細砂糖一次加入，以電動攪拌器高速打發至可拉出挺立的尖角。

3 在1中加入一半的B，筆直立起打蛋器，一邊以攪拌的反方向轉動調理盆，一邊迅速混拌。再加入一半的2，以打蛋器從底部重複撈起，混拌至尚可看到一些蛋白霜的程度即可。

4 在3加入剩餘的B，改以橡皮刮刀混合至無粉粒殘留，加入剩餘的2，重複從底部翻起混合至質地均勻。

5 將4的麵糊倒入調理盤中，並以橡皮刮刀抹平表面。從工作檯上方較低處將調理盤摔落數次，震出麵糊內的氣泡，並撒上1的杏桃乾和杏仁片。

6 放入烤箱，以170℃烤25分鐘。出爐後，從工作檯上方較低處摔落調理盤，防止蛋糕內縮。連同烘焙紙將蛋糕取出後，移至冷卻架上。最後撒上防潮糖粉。

*a*

Square Chiffon Cake :

*Marble Chiffon Cake*

# 大理石戚風

**製作香草和可可兩種麵糊，**
**作出漂亮的大理石花紋。**
**在勾勒大理石紋時，不要過度攪拌，**
**像畫線般描繪就能完成美麗的紋路。**
**當作伴手禮也很令人驚喜喔！**

材料／26×20×4cm的不鏽鋼製調理盤1個份　※蛋奶素

香草麵糊

A
- 蛋黃 … 3個
- 黍砂糖 … 70g
- 沙拉油 … 30g
- 水 … 30g
- 香草精 … 少許

B
- 低筋麵粉 … 90g
- 泡打粉 … 1/2小匙

可可麵糊

- 可可粉 … 15g
- 細砂糖 … 40g
- 牛奶 … 20g
- 蛋黃 … 1個
- 沙拉油 … 25g

C
- 低筋麵粉 … 30g
- 泡打粉 … 1/4小匙

蛋白霜

- 蛋白 … 4個（140g）
- 細砂糖 … 40g

**事前準備**

・蛋白事先放入冰箱冷藏。
　若能連同調理盆一起冷藏更佳。
・分別混合過篩**B**和**C**。
・在調理盤中放入裁剪好的烘焙紙
　（成品圖請見P.76）。
・烤箱預熱至170℃。

**作法**

1 製作蛋白霜。在調理盆中放入冰涼的蛋白，並將細砂糖一次加入，以電動攪拌器高速打發至可拉出挺立的尖角。

2 製作香草麵糊。在另一個調理盆中放入**A**，立即以打蛋器充分混拌乳化。加入一半的**B**，筆直立起打蛋器，一邊以攪拌的反方向轉動調理盆，一邊迅速混拌。

3 取120g **1**製作的香草麵糊。在**2**中加入120g的一半，以打蛋器從底部重複撈起，混拌至尚可看到一些蛋白霜的程度即可。再依序加入剩餘的**B**和**1**，改以橡皮刮刀混合至無粉粒殘留。

4 製作可可麵糊。在調理盆中加入可可粉、細砂糖，以打蛋器攪打至可可粉無結塊，再加入牛奶充分混合均勻。立即加入蛋黃和沙拉油，以打蛋器充分混拌乳化。

5 在**4**中加入一半**C**和一半可可麵糊的**1**，以打蛋器從底部重複撈起，混拌至尚可看到一些蛋白霜的程度即可。再依序加入剩餘的**C**和**1**，改以橡皮刮刀混合至無粉粒殘留。

6 將**3**的香草麵糊和**5**的可可麵糊分數回，輪流倒入調理盤中（a），並以橡皮刮刀抹平表面。從工作檯上方較低處將調理盤摔落數次，震出麵糊內的氣泡。以長筷前端在麵糊表面輕輕畫過2至3回拉出大理石花紋（b）。

7 放入烤箱，以170℃烤30分鐘。出爐後，從工作檯上方較低處摔落調理盤，防止蛋糕內縮。連同烘焙紙將蛋糕取出後，移至冷卻架上。

a　b

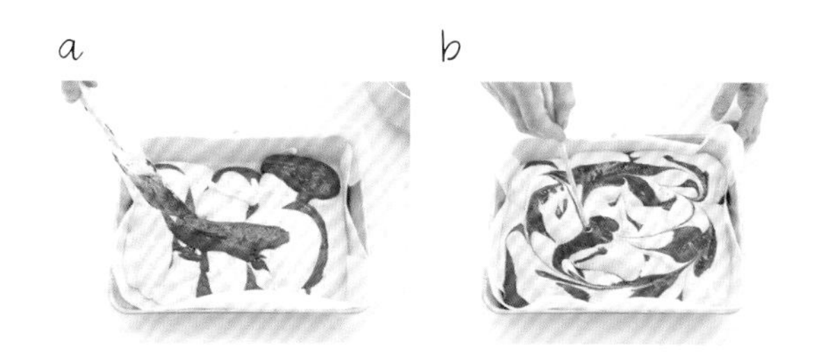

*Yuzu Ginger Chiffon Cake*

# 柚子薑味戚風

**添加了香氣怡人的柚子茶，**
**帶出高雅的甜味，並有提升濕潤感的作用。**
**再以薑汁當作餘味，令人感覺十分清爽。**
**即使放涼了也很可口呢！**

**材料／26×20×4cm的不鏽鋼製調理盤1個份　※蛋奶素**

A
- 蛋黃 … 4個
- 黍砂糖 … 40g
- 沙拉油 … 40g
- 牛奶 … 40g
- 薑汁 … 10g
- 柚子茶（a） … 120g
- 柚子皮屑 … 1個份

蛋白霜
- 蛋白 … 4個（140g）
- 細砂糖 … 40g

B
- 低筋麵粉 … 130g
- 泡打粉 … 1又1/4小匙

柚子糖霜
- 柚子汁 … 1又1/2小匙
- 糖粉 … 40g

柚子皮 … 適量

**事前準備**
- 蛋白事先放入冰箱冷藏。若能連同調理盆一起冷藏更佳。
- 混合過篩**B**。
- 在調理盤中放入裁剪好的烘焙紙（成品圖請見P.76）。
- 烤箱預熱至170℃。

*a*

**作法**

1 在調理盆中放入**A**，立即以打蛋器充分混拌乳化。

2 製作蛋白霜。在另一個調理盆中放入冰涼的蛋白，並將細砂糖一次加入，以電動攪拌器高速打發至可拉出挺立的尖角。

3 在**1**中加入一半的**B**，筆直立起打蛋器，一邊以攪拌的反方向轉動調理盆，一邊迅速混拌。再加入一半的**2**，以打蛋器從底部重複撈起，混拌至尚可看到一些蛋白霜的程度即可。

4 在**3**加入剩餘的**B**，改以橡皮刮刀混合至無粉粒殘留，加入剩餘的**2**，重複從底部翻起混合至質地均勻。

5 將**4**的麵糊倒入調理盤中，並以橡皮刮刀抹平表面。從工作檯上方較低處將調理盤摔落數次，震出麵糊內的氣泡。

6 放入烤箱，以170℃烤25分鐘。出爐後，從工作檯上方較低處摔落調理盤，防止蛋糕內縮。連同烘焙紙將蛋糕取出後，移至冷卻架上。

7 製作柚子糖霜。在較小的調理盆中混合柚子汁和糖粉，若糖霜太硬，請加入少量水分調整。隨意淋在**6**的表面，再以湯匙快速抹開糖霜。最後以刨刀將柚子皮削成細絲後撒上。

Sesame Cranberry Chiffon Cake

# 芝麻蔓越莓戚風

**放上賣相十分可愛的蔓越莓，**
**微微的莓果酸帶出芝麻醬柔和的香氣，**
**是一款小朋友和老人家都喜愛的好味道。**

**材料／26×20×4cm的不鏽鋼製調理盤1個份　※蛋奶素**

A
- 蛋黃 … 4個
- 黍砂糖 … 90g
- 白芝麻醬 … 30g
- 沙拉油 … 30g
- 牛奶 … 70g

蛋白霜
- 蛋白 … 4個（140g）
- 細砂糖 … 40g

B
- 低筋麵粉 … 110g
- 杏仁粉 … 10g
- 泡打粉 … 1小匙

白芝麻粉 … 20g
蔓越莓乾 … 60g
熟白芝麻 … 10g

**事前準備**

・蛋白事先放入冰箱冷藏。
若能連同調理盆一起冷藏更佳。
・在耐熱容器中放入蔓越莓乾，倒入可淹過果乾的水量，微波加熱40秒。
・混合過篩**B**。
・在調理盤中放入裁剪好的烘焙紙
（成品圖請見P.76）。
・烤箱預熱至170℃。

**作法**

1 在調理盆中放入**A**，立即以打蛋器充分混拌乳化。

2 製作蛋白霜。在另一個調理盆中放入冰涼的蛋白，並將細砂糖一次加入，以電動攪拌器高速打發至可拉出挺立的尖角。

3 在**1**中加入一半的**B**，筆直立起打蛋器，一邊以攪拌的反方向轉動調理盆，一邊迅速混拌。再加入一半的**2**，以打蛋器從底部重複撈起，混拌至尚可看到一些蛋白霜的程度即可。

4 在**3**加入剩餘的**B**，改以橡皮刮刀混合至無粉粒殘留，加入剩餘的**2**，重複從底部翻起混合至質地均勻。再加入芝麻粉和半量的蔓越莓乾混合。

5 將**4**的麵糊倒入調理盤中，並以橡皮刮刀抹平表面。從工作檯上方較低處將調理盤摔落數次，震出麵糊內的氣泡，在表面撒上剩餘的蔓越莓乾和芝麻。

6 放入烤箱，以170℃烤30分鐘。出爐後，從工作檯上方較低處摔落調理盤，防止蛋糕內縮。連同烘焙紙將蛋糕取出後，移至冷卻架上。

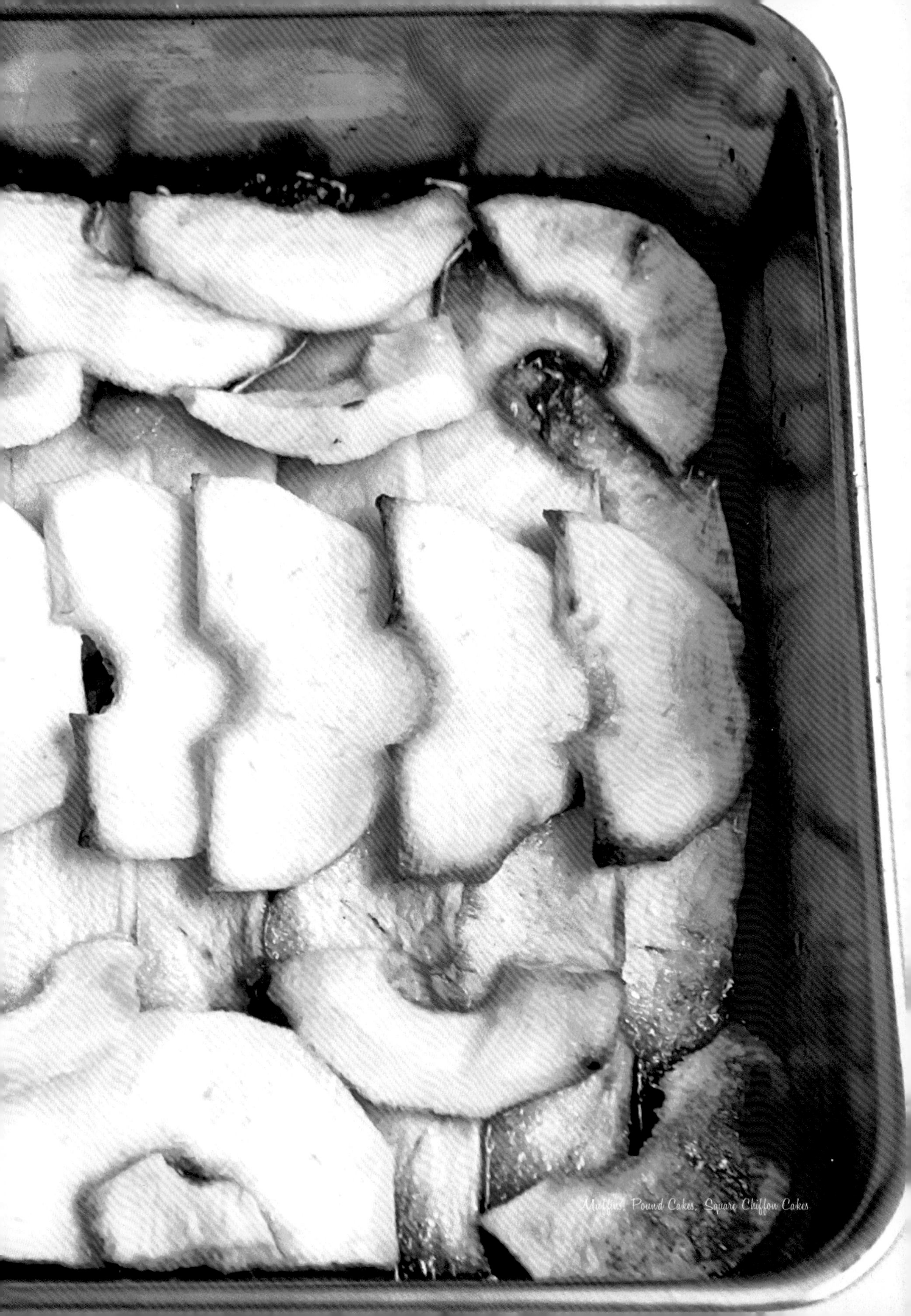

烘焙良品 52

免奶油OK！
植物油作的38款甜・鹹味蛋糕&馬芬

作　　者／吉川文子
譯　　者／周欣芃
發 行 人／詹慶和
總 編 輯／蔡麗玲
執行編輯／李佳穎
編　　輯／蔡毓玲・劉蕙寧・黃璟安・陳姿伶・白宜平
封面設計／陳麗娜
美術編輯／陳麗娜・周盈汝・翟秀美・韓欣恬
內頁排版／造　極
出 版 者／良品文化館
郵政劃撥帳號／18225950
戶名／雅書堂文化事業有限公司
地址／220新北市板橋區板新路206號3樓
電子信箱／elegant.books@msa.hinet.net
電話／(02)8952-4078
傳真／(02)8952-4084

2016年1月初版一刷　定價 280元

BUTTER NASHI DE OISHII CAKE TO MUFFIN
©FUMIKO YOSHIKAWA 2015
Qriginally published in Japan in 2015 by SEIBUNDO SHINKOSHA PUBLISHING CO., LTD.
Chinese translation rights arranged through TOHAN CORPORATION, TOKYO.
and Keio Cultural Enterprise Co., Ltd.

總經銷／朝日文化事業有限公司
進退貨地址／235新北市中和區橋安街15巷1號7樓
電話／（02）2249-7714　傳真／（02）2249-8715



國家圖書館出版品預行編目(CIP)資料

免奶油OK!植物油作的38款甜.鹹味蛋糕&馬芬 / 吉川文子著 ; 周欣芃譯. -- 初版. -- 新北市 : 良品文化館, 2016.01
面；　公分. -- (烘焙良品 ; 52)
ISBN 978-986-5724-60-3(平裝)
1.點心食譜

427.16　　104028170

STAFF
攝影　宮濱祐美子
設計　大島達也（Dicamillo）
編輯・造型　花沢理惠
料理名稱英譯　長峯千香代
校對　ヴェリタ
協力　アンティスティック
エイチ˙ピー˙デコ
オルネ　ド　フォイユ
フィネスタルト
プレイマウンテン
リーノ˙エ˙リーナ

材料提供　cuoca
http:// www.cuoca.com

免奶油OK！
植物油作的38款甜・鹹味蛋糕&馬芬

Muffin

Pound Cak

Square Chiffon Cake

# 40種和菓子內餡的精緻甜點筆記

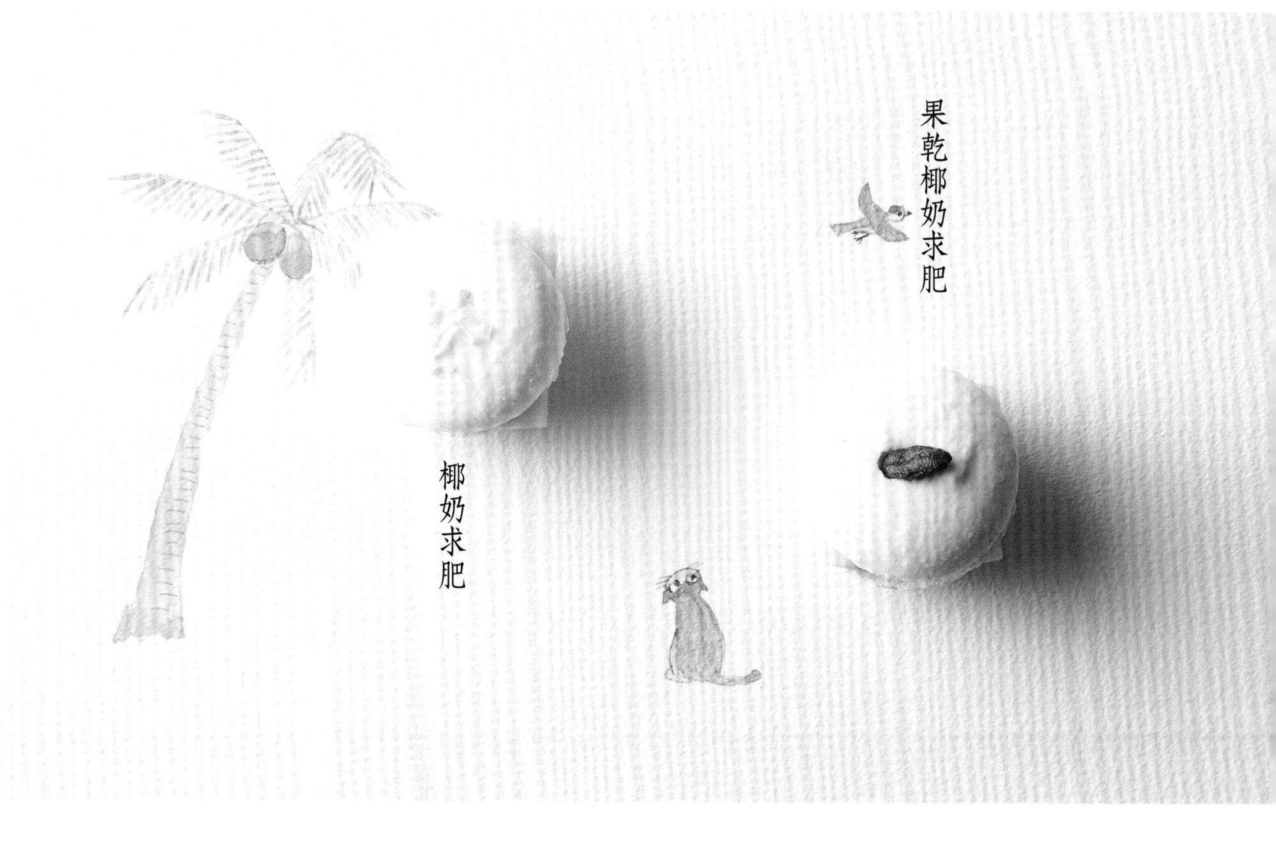

黃柚醬油求肥

核桃醬油求肥

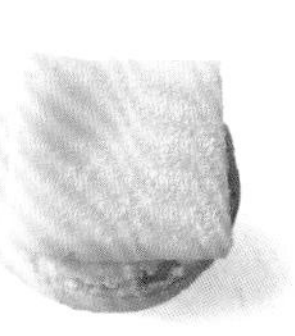

# Muffins, Pound Cakes, Chiffon Cakes

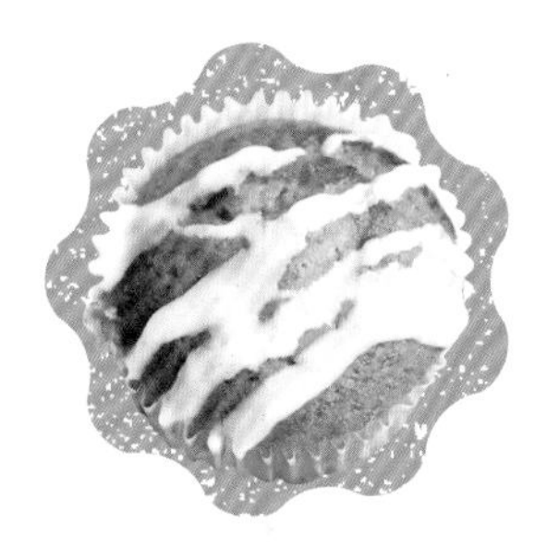

| Sweet Muffins | Savory Muffins | Pound Cakes | Square Chiffon Cakes |